高等院校工业设计专业系列教材

产品设计效果图
手绘表现技法

Hand Drawing
Techniques of Product
Design Sketch & Rendering

汪海溟　寇开元　编著

清华大学出版社
北京

内 容 简 介

本书从产品手绘技法的基础知识出发，在教学内容、教学方式等方面突出了步骤教学和案例赏析的特点，系统介绍了产品设计手绘表现技法。

全书共分 7 章，包括理论概述、效果图表现的基本工具、产品设计表现技法的基础训练、产品色彩与材质表现、基本造型的光影基础、产品设计效果图的表现种类与方法、优秀作品欣赏与解析。

本书各章节学习结构清晰，目标明确，可用作工具书查阅或优秀作品参考，不仅可以作为高等院校工业设计和产品设计专业的教材使用，而且可供其他相关专业及广大从事工业产品设计的人员阅读参考。

图书在版编目(CIP)数据

产品设计效果图手绘表现技法 / 汪海溟，寇开元 编著. —北京：清华大学出版社，2018（2023.4 重印）
(高等院校工业设计专业系列教材)
ISBN 978-7-302-49217-7

Ⅰ. ①产…　Ⅱ. ①汪… ②寇…　Ⅲ. ①产品设计—绘画技法—高等学校—教材　Ⅳ. ①TB472

中国版本图书馆CIP数据核字(2017)第331791号

责任编辑：李　磊
装帧设计：王　晨
责任校对：曹　阳
责任印制：刘海龙

出版发行：清华大学出版社
　　　　　网　　　　址：http://www.tup.com.cn，http://www.wqbook.com
　　　　　地　　　　址：北京清华大学学研大厦A座　　　　邮　　编：100084
　　　　　社　总　机：010-83470000　　　　　　　　　邮　　购：010-62786544
　　　　　投稿与读者服务：010-62776969，c-service@tup.tsinghua.edu.cn
　　　　　质　量　反　馈：010-62772015，zhiliang@tup.tsinghua.edu.cn
印　装　者：北京博海升彩色印刷有限公司
经　　　销：全国新华书店
开　　　本：190mm×260mm　　　　印　　张：9.25　　　　字　　数：273千字
版　　　次：2018年3月第1版　　　　　　　　　　　　印　　次：2023年4月第6次印刷
定　　　价：49.80元

产品编号：068532-01

高等院校工业设计专业系列教材

编委会

主 编

兰玉琪
天津美术学院产品设计学院
副院长、教授

副主编

高 思

编 委

李 津	马 彧	高雨辰	邓碧波	李巨韬	白 薇
周小博	吕太锋	曹祥哲	谭 周	张 莹	黄悦欣
潘 弢	陈永超	张喜奎	杨 旸	汪海溟	寇开元

专家委员

天津美术学院院长	邓国源	教授
清华大学美术学院院长	鲁晓波	教授
湖南大学设计艺术学院院长	何人可	教授
华东理工大学艺术学院院长	程建新	教授
上海视觉艺术学院设计学院院长	叶 苹	教授
浙江大学国际设计研究院副院长	应放天	教授
广州美术学院工业设计学院院长	陈 江	教授
西安美术学院设计艺术学院院长	张 浩	教授
鲁迅美术学院工业设计学院院长	薛文凯	教授

序

今天，离开设计的生活是不可想象的。设计，时时事事处处都伴随着我们，我们身边的每一件东西都被有意或无意地设计过和设计着。

工业设计也是如此。工业设计起源于欧洲，有百年的发展历史，随着人类社会的不断发展，工业设计也经历了天翻地覆的变化：设计对象从实体的物慢慢过渡到虚拟的物和事，设计方法关注的对象也随之越来越丰富，设计的边界越来越模糊和虚化；从事工业设计行业的人，也不再局限于工业设计或产品设计专业的毕业生。也因此，我们应该在这种不确定的框架范围内尽可能全面和深刻地还原和展现工业设计的本质——工业设计是什么？工业设计从哪儿来？工业设计又该往哪儿去？

由此，从语源学的视角，并在不同的语境下厘清设计、工业设计、产品设计等相关的概念，并结合对围绕着我们的"被设计"的事、物和现象的观察，无疑可以帮助我们更深刻地理解工业设计的内涵。工业设计的综合性、交叉性和边缘性决定了其外延是广泛的，从艺术、文化、经济和技术等不同的视角对工业设计进行解读或许可以更完整地还原工业设计的本质，并帮助我们进一步理解它。

从时代性和地域性的视角下对工业设计历史的解读，不仅仅是为了再现其发展的历程，更是为了探索推动工业设计发展的动力，并以此推动工业设计进一步的发展。无论是基于经济、文化、技术、社会等宏观环境的创新，还是对产品的物理空间环境的探索，抑或功能、结构、构造、材料、形态、色彩、材质等产品固有属性以及哲学层面上对产品物质属性的思考，或者对人的关注，都是推动工业设计不断发展的重要基础与动力。

工业设计百年的发展历程给人类社会的进步带来了什么？工业发达国家的发展历程表明，工业设计教育在其发展进程中发挥着至关重要的作用，通过工业设计的创新驱动，不但为人类生活创造美好的生活方式，也为人类社会的发展积累了极大的财富，更为人类社会的可持续发展提供源源不断的创新动力。

众所周知，工业设计在工业发达国家已经成为制造业的先导行业，并早已成为促进工业制造业发展的重要战略，这是因为工业设计的创新驱动力发生了极为重要的作用。随着我国经济结构的调整与转型，由"中国制造"变为"中国智造"已是大势所趋，这种巨变将需要大量具有创新设计和实践应用能力的工业设计人才，由此给我国的工业设计教育带来了重大的发展机遇。我们充分相信，工业设计以及工业设计教育在我国未来的经济、文化建设中将发挥越来越重要的作用。

目前，我国的工业设计教育虽然取得了长足发展，但是与工业设计教育发达的国家相比确实还存在着许多问题，如何构建具有创新驱动能力的工业设计人才培养体系，成为高校工业设计教育所面临的重大挑战。此套系列教材的出版适逢"十三五"专业发展规划初期，结合"十三五"专业建设目标，推进"以教材建设促进学科、专业体系健全发展"的教材建设工作，是高等院校专业建设的重点工作内容之一，本系列教材出版目的也在于此。工业设计属于创造性的设计文化范畴，我们首先要以全新的视角审视专业的本质与内涵，同时要结合院校自身的资源优势，充分发挥院校专业人才培养的优势与特色，并在此基础上建立符合时代发展的人才培养体系，更要充分认识到，随着我国经济转型建设以及文化发展对人才的需求，产品设计专业人才的培养在服务于国家经济、文化建设发展中必将起到非常重要的作用。

　　此系列教材的定位与内容以两个方面为依托：一、强化人文、科学素养，注重世界多元文化的发展与中国传统文化的传承，注重启发学生的创意思维能力，以培养具有国际化视野的复合型与创新型设计人才为目标；二、坚持"科学与艺术相融合、创新与应用相结合"，以学、研、产、用一体化的教学改革为依托，积极探索具有国内领先地位的工业设计教育教学体系、教学模式与教学方法，教材内容强调设计教育的创新性与应用性相结合，增强学生的创新实践能力与服务社会能力相结合，教材建设内容具有鲜明的艺术院校背景下的教学特点，进一步突显了艺术院校背景下的专业办学特色。

　　希望通过此系列教材的学习，能够帮助工业设计专业的在校学生和工业设计教学、工业设计从业人员等更好地掌握专业知识，更快地提高设计水平。

天津美术学院产品设计学院
副院长、教授

前 言

　　产品设计的研究对象综合了人、物与环境，基于对这三者的研究，设计师们进而探讨人类生活方式的革新问题。产品设计将科学、技术、文化有机地结合在一起，反映的是人们造物的思维。作为产品设计师必备的技能——产品手绘表现，其体现出来的不仅仅是简单的设计作品，还有设计师思维创新的过程和总结。优秀的产品手绘表现设计图反映的不只是产品本身，还包含产品的特质、产品与人和环境的关系，是设计师灵活表现创意思维并与合作者交流的语言。

　　手绘教学的初衷是为了培养一种设计表达的方法。时代的发展日新月异，设计领域的竞争非常激烈，这就要求当今的设计师必须具备快速表达想法的能力。在计算机辅助设计日新月异的今天，阿里人工智能设计师鲁班每秒做上千张海报，设计师行业面临着人工智能领域所带来的冲击。如何在时代的浪潮中认清当代设计师的生存价值，要求我们回归到最开始的灵感表达，这更对前期构思方式——手绘构思草图有重要的要求。就像音乐家用音符表达音乐，文学家用文字抒发理想，舞蹈家用肢体语言表达情感，设计师笔下的流动的草图就好似音乐家谱写的曼妙的乐章，能够将设计师脑海中混沌、模糊、抽象、琐碎的想法在纸上逐渐成为清晰的图解图形。

　　本书重点介绍了产品设计效果图表现的基础知识，全面细致地囊括了几乎所有能够用到的手绘技法。从创意构思阶段、草图绘制、灵感表达，再到对不同种类上色工具的特性介绍，以及对透视构图、形体练习知识、基本光影明暗知识的讲解。其中对马克笔这一速干、快捷的工具，结合不同材质的表达进行了重点介绍，并从产品手绘的不同目的，对爆炸图、流程图等不同指向内容的手绘表现进行了逐一介绍，力求成为产品手绘技法表达的科普全书。

　　本书由汪海溟、寇开元编著，兰玉琪、周旭、龙泉、彭子珊、覃洪艺、李巨韬、罗显冠、潘润鸿、谭周等也参与了本书的编写工作。由于作者水平所限，书中难免有疏漏和不足之处，恳请广大读者批评、指正。

　　本书提供了 PPT 教学课件，扫一扫右侧的二维码，推送到自己的邮箱后即可下载获取。

编　者

目 录

第4章 产品色彩与材质表现 71

第5章 基本造型的光影基础 95

第6章 产品设计效果图的表现种类与方法 105

第7章 优秀作品欣赏与解析 121

《第1章》
概 述

1.1 了解效果图表现

1.1.1 效果图表现的目的

工业设计是依据市场需求对工业产品进行预想的开发设计，是通过对市场的分析，对预想的工业产品从形态、色彩、材料、构造等各方面进行的综合设计，使产品既具有使用功能——满足人们的物质需求，又具有审美功能——满足人们的精神需要。好的工业设计使产品最终能实现人、产品、环境等各方面的协调。在产品的研发过程中，设计方案需要经过反复地推敲和论证，不断地进行修改，产品手绘效果图就肩负着最初的这种评价重任。所以手绘图就应该具有能充分体现出新产品的设计理念的作用；能体现设计者的设计意图，体现沟通交流的功能；能体现新产品在使用功能上的创新性和在满足精神功能上的审美性。手绘图不单纯只是一种表现手段，手绘能力的训练也不能只停留在单纯的技法研究上。学习手绘的目的是考虑如何能体现工业设计的本质，为创意顺利进行而服务。手绘表达既体现着设计者对产品的感性形象思维，同时也反映着设计者理性的逻辑思维，它承载着产品的审美主体角色，也肩负着形态创造、工程分析乃至市场前景预测的重任。传统的手绘训练中只强调了准确的造型能力，甚至还只是停留在对已有产品的一种模仿上，这显然是不够的。设计训练中强调眼、脑、手的相互配合，达到心手合一。产品手绘表现教学是通过培养学生运用眼、脑、手三位一体的协作与配合，进行对产品形态的直观感受能力、造型分析能力、审美判断能力和准确描绘能力的训练。

当前，一些设计工作者对计算机辅助设计表达的认识存在着一些误区，过分强调计算机绘图的重要性而忽视手绘设计表达能力的培养和提高。计算机对设计表现有特殊的作用，但画图的最终目的不在于表现图本身如何，而是在于如何更好地体现设计师的设计意图。手绘设计表达是计算机辅助设计表达的基础，是设计师获得设计能力的重要前提，因此手绘图的训练更应受到重视。通过训练可以培养审美能力、敏捷的思维能力、快速的表达能力、丰富的立体想象力等。

美国建筑大师西萨·佩里曾说过："建筑往往开始于纸上的一个铅笔记号，这个记号不单是对某个想法的记录，因为从这个时刻起，它就开始影响建筑形成和构思的进一步发展。一定要学会画草图，并善于把握草图发展过程中出现的一些可能触发灵感的线索。接下来，需要体验草图与表现圈在整个设计过程中的作用。最后必须掌握一切必要的设计并能够察觉出设计草图向我们提供的种种良机。"

设计手绘图的目的在于探讨、研究、分析、把握大的设计方向以及功能上大的设想，造型上的寓意表达、色彩的搭配、结构的连接方式、材料的使用等。计算机辅助设计表达则是在此基础上去拓展这些方面的可能性，并协调它们之间的相互关系。根据设计构想草图提供的数据，对设计构想草图有限的几个角度的图形进行立体的创造，并通过三维空间运动来观察各个方位、角度，以修正平面中的不足，确立设计与使用功能、结构方式与材料加工、整体与局部等，使它们之间的关系处于一种相对的最佳状态。手绘图训练中应充分发挥手绘表现图能够快速表达构想这一突出特点，改变以往长时间注重各种技法的训练，而不注重设计速写和快速表现练习的训练。手绘表现是设计师以最快的速度表达设计思维、设计想象、设计理解的最有效的表现手法，是工业设计师必须掌握的一项重要的基本功。

1.1.2 效果图表现的作用与特点

手绘设计表达不是纯绘画艺术的创造，而是在一定的设计思维和方法的指导下，把符合生产加工技术条件和消费者需要的产品进行设计构想，通过技巧加以视觉化的技术表达手段。它具有快速表达构想、推敲方案延伸构想和传达真实效果的功能。手绘设计表达通常分为方案构思草图、精细草图和效果图3种。随着材料和工具的不断进步，表现技法也变得越来越丰富。现在普遍使用的技法有：马克笔表现、透明水色法、水粉画法、马克笔和色粉结合的画法、马克笔和彩色铅笔结合的画法、底色高光法和色纸画法等。

1.1.3 产品设计效果图的重要性

产品设计这门学科的实践性很强，既要发挥出设计师的设计能力，又要结合实际的生产能力。一个设计项目启动，设计师们首先需要先通过对消费人群和使用环境进行分析，对预想的工业产品进行研发设计，从市场的角度出发，要符合市场需求。之后针对前期的大量调研资料和群体定位进行后面的产品设计。一件产品从调研到量产，特别是对模具的投入成本是很大的，所以一个产品在进行量产之前要经过反复论证、讨论、修改，而讨论修改时需要产品效果图。产品效果图是作为设计前期的讨论媒介。在整个设计流程当中，我们还要制作草模、产品的手板等，这个过程中手绘具有不可替代的作用，是每一位设计师必须掌握的基本能力。熟练掌握手绘能力可以让设计师在设计交流过程中准确而快速地表达设计思维。

一张好的手绘作品，其实并不仅仅是画得好，因为设计手绘大致分好几种：记录想法时的手绘要迅速、准确地抓住你的设计想法，表达出那种一瞬间的设计灵感，表达出你的真实思想。如果达不到快速抓住瞬间灵感的要求，就没有什么太大的意义了；而提案时的手绘需要精细，注意到每一个细节，以及材质的表现等，甚至连使用这个产品的场景都要表现出来。

1.2 产品效果图在不同设计阶段的应用

1.2.1 初期创意构思与头脑风暴

不管你是要与其他人一起进行头脑风暴，还是自己创作，都应该保持灵活、开放的思维状态。不要轻易否定任何创意，才能为以后创意的修改留下空间。在这一阶段，是否正确地表现出产品的透视或明暗关系并不是最重要的。最重要的是，你的创意是否符合客户的要求。举例来说，正如图 1-1

中表现的那样，可以先画一些产品示意图或者初始的造型，其形式可以是侧视图，也可以只是一些画满整张纸却充满创意的线条。在这个视觉思维阶段，便签纸上的文字和那些启发灵感的图片，能以讲故事的方式表达出你的想法。

图 1-1　加湿器的外形轮廓草图

在这一阶段，最典型的画稿就是"涂鸦"和"缩略图"。虽然这两种图都很小，但此时小草图最为适合，因为在这个阶段并不用考虑细节。如果能画得大一点更好，或者使用粗一点的画笔。例如用马克笔代替签字笔或者彩色铅笔，同样也可以达到表现细节的效果，如图 1-2 所示。选择相同的比例大小和角度在纸上绘制小草图，只用考虑基本的外形风格和外形轮廓就可以，而不用去考虑产品细节上的问题。

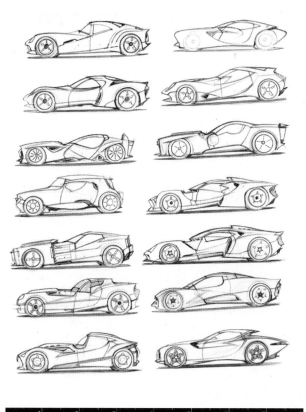

图 1-2　概念汽车的轮廓侧面草图

很多设计师喜欢把创意画在一个小本子上，如图 1-3 所示。有了这个小本子，你就可以随时随地进行创作。在最初创意草图的基础上衍生出新的草图，可以进一步改进创意或表达出新的想法。第一张草图可能会产生两种情况，其一就是这个想法在你不自觉的时候已经变成了新的创意，而另一种情况则是这个新的创意早就出现在之前另一张草图里。这个小本子就像你视觉创意的回忆录一样，集合了所有创意的变化过程。暂时不要去评价任何一个创意，要保持你的思维状态是灵活开放的，稍后再对这些草图和创意进行评价。

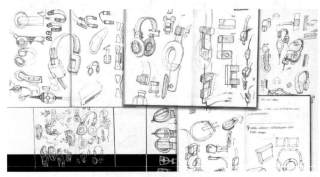

图 1-3　耳机设计草图

在这个阶段，最重要的就是产生大量创意，不断地进行变形，并在最后将其总结成一个系列。这一阶段还包括在全部创意中做出选择，这些潜在的优秀创意日后可能会发展成为真正的设计方案。

产生大量创意，进行评价，并从中做初选。创意想象在这个循环阶段中起到了产品设计过程不断重复的重要作用。每一次的重复都会将大量创意总结成一个或几个结果，而这些结果便会构成下一阶段的工作目标。在下一阶段你需要想出更多的办法来解决问题、优化创意。

如图 1-4 中，在进行了大量台灯的方案草图绘制之后，经过自主选择或者讨论之后有目的性地将方案中重要的关键点或者可以保留的点总结出来，并在草图中圈出以做标注。

图 1-4　台灯的设计草图

在创意构思阶段，每一个想法都会有很多"问题"需要解决或优化。这些"问题"涵盖了设计、道德、对环境造成的影响、材料的选择、技术实现、组装、安全性、结构，以及最终效果等方面。每一个"问题"可能会有许多相应的解决方法。同样的，我们还需要整理这些解决方法，然后从中做出选择。这个阶段的草图要比前一个阶段画得更加精细些。因为，设计师需要用草图来表现物体两个部分之间的连接方式，以便在技术上寻找合适的解决方法。而这些都会在最终的定稿中体现出来。在创意构思阶段结束后，我们可以用适合的方式把这些创意呈现给客户。例如图 1-5 中，设计师在绘制简易水泥搅拌机方案时，在外形基本确定的基础上，会对物体各部分之间的连接方式进行进一步思考和绘制，进一步对方案的实现形式和结构方式进行交代。

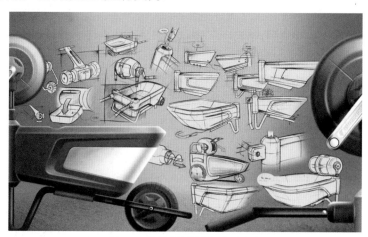

图 1-5　简易水泥搅拌机设计方案

上图中也表明，在创作的开始我们应有积累更多素材和图像的意识，以便日后使用。

1.2.2　设计交流与回报演示阶段

令人感到意外的是，下图中的最终方案草图与原有的想法并不一样，但却是对已有设计的一种反映。同时还应从中选择出最关键的草图用来进行后续的步骤，逐步产生更多的变化和创意。直到设计过程中的早期阶段结束，最终产品的设计创意才会出现在彩色设计图中。

而图 1-6 中最终产品的设计创意包括玩具车和一个小型无储尘袋的掌上真空吸尘器。玩具车内部有一个充电电池，可以通过孩子玩玩具车的过程为电池充电，这也是吸尘器的动力来源。

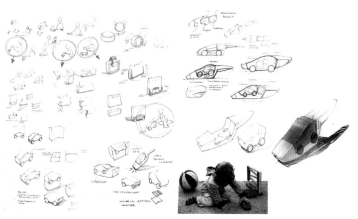

图 1-6　真空吸尘器的草图方案及最终方案定稿

方案可能是由设计师或管理层内部选择的，也有可能是由设计师与客户一起决定的。鉴于这一点，你应该将不同的创意用相似的方式表达出来。要真诚地为客户提供选择而不要使用不同的手绘风格或设计图形式来混淆视听。所有方案的汇报设计图的风格都应该相同。

有时候你可能希望客户可以从许多创意方案中进行选择。这时大量不同的设计草图会让人感到困惑，而在不同的设计草图中突出创意的特点就显得尤其重要。与不同部门进行交流也是非常必要的。将你的创意展示给对产品非常有经验的客户，和将同一个创意展示给更在乎投资回报率的投资人，结果是完全不同的。应该使用快速表现还是将设计图画得精细一些，都取决于以上因素。

在设计过程中的很多阶段，汇报演示都需要使用草图和设计图。汇报演示不仅可以用于与内部的团队成员进行交流，还可以用于外部交流。每个项目中不同的意见和争论都是非常重要的。

将产品设计外包的客户，必然具备与自己产品的市场、技术细节等方面相关的知识，以便于将设计创意与现有的产品、生产技术进行对比。

来自外界相关产品和设计的专业人士，如客户、经理或用户，他们需要看到设计的其他方面，而一般不会察觉绘图技巧的细节，并且对此也不是很有兴趣。他们只是希望看到一张清晰的、关于该产品在日常生活中应用的图像。

1.2.3　细节与造型完善阶段

在设计方案基本确定的阶段需要确定产品所有的细节问题，例如表面的光泽度和产品的尺寸，还需要对一些细节部分的特征进行刻画，绘制出侧视图和透视图。不同的设计图可以更好地表现细节，同时还可以将它们与整个产品的关系表现得更明确。

不断地修改设计创意，才能将最终的方案确定下来。为了实现方案，设计师常常会对创意进行修改。在这个阶段，细节部分已经确定，技术上的问题也已解决，那么就可以开始准备制作模型了。

遇到问题、解决问题、优化设计方案，与不同的部门进行交流。对于设计师来说，最理想的状态就是用同一幅设计图去进行沟通和交流。

创意设计是永远不会"完成"的。设计草图是很好的工具，可以在短时间内对设计做出修改，因为草图是最快也是最具表现力的形式。使用工程制图的结构图或已有产品的图片作为底图，你可以快速地画出一系列不同的造型，模型的照片也同样可以，如图 1-7 所示。这种绘制草图的方式较常应用在外形较复杂或者对于形体尺度比例要求较高的产品当中，例如：汽车、摩托车或大型器械等。

图 1-7　在原有产品图的基础上绘制草图

　　不管怎样，如果草图的尺寸没有限制，最好将侧视图和透视图作为底图，然后花些时间修改产品的造型，因为产品的情感化表达都是由其造型决定的。

　　真正的工程开始前，在与结构工程师沟通的过程中，需要绘制"前期工程"设计草图。这些草图是解决部分技术问题方案的原理示意图，一般会在工程会议中完成。在这个阶段通常会画出简易的工程侧视图和分解图。分解图主要用于展示各个部件之间的关系，并集中、直接地给出解决办法。在这一阶段，单一的产品信息是最重要的。例如顶级腕表品牌 Hublot 为法拉利设计的机械表（见图1-8)，最初设计腕表时，在进行完基本的外形设计和定位之后，根据设计外形和理念绘制出原理的示意图和结构分解图。在了解内部结构和可实现性的基础上，再进一步进行外形上细节的确定和最后方案的确定。

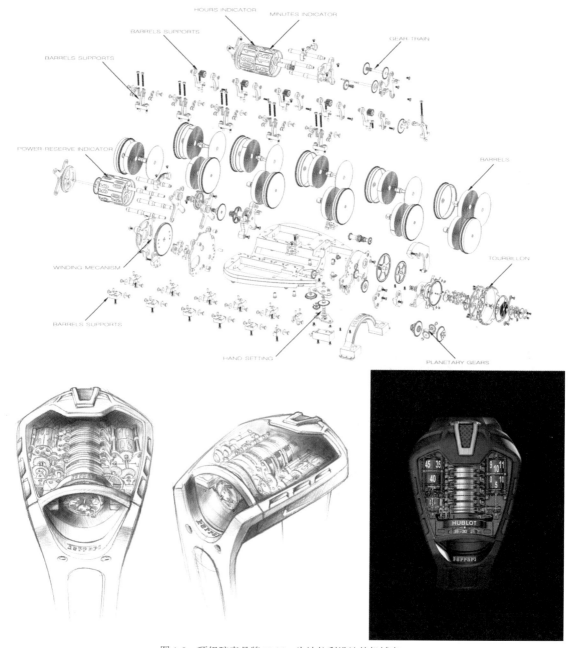

图 1-8　顶级腕表品牌 Hublot 为法拉利设计的机械表

在交流的过程中，不同的部门都会需要各种特殊的设计图来展示产品不同方面的特征。这样你就能了解到产品底图，如 CAD 设计图、渲染图和模型照片，是非常有用的。

因此，在绘制设计图时，一定要注意它是在哪个阶段使用，或者说你想要阐释和表现设计的哪方面特征，或者哪些部门会用到它。这些因素决定了绘图从开始到完成过程中的诸多选择。

《第2章》
效果图表现的基本工具

2.1 笔类绘图工具的使用方法

要进行工业设计效果图手绘表现，工具的运用是影响画面效果的因素之一，但是工具始终是辅助画图的工具，具体包括纸、铅笔 (HB、4B、6B 等)、彩铅、钢笔、圆珠笔、水性笔、橡皮擦等。如图 2-1 所示是各类琳琅满目的画材。笔类工具的选用取决于设计的产品是什么类型以及设计师所想要达到的表现效果。

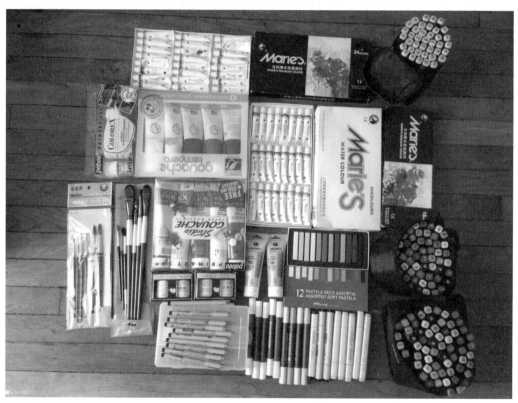

图 2-1 琳琅满目的画材工具

2.1.1 铅笔的使用

进行基础素描的时候，用的工具基本都是铅笔。铅笔是最常用而方便的工具，初学者的产品表现课往往是用铅笔完成，主要原因是铅笔在进行画线和造型设计时可以十分精确，又能较随意地修改，还能较为深入细致地刻画细部，有利于严谨的产品形体表现和深入反复的造型研究。

　　铅笔的种类较多，铅笔笔芯有硬有软，画出的调子有深有浅，比较齐全，铅笔的色泽又便于表现产品手绘效果图风格中的许多银灰色层次，应用于产品设计手绘基础练习效果较好，初学者比较容易把握，因此较适合在基础训练开始时使用。

　　现有的国产铅笔分两种类型，以 HB 为界线，向软性与深色变化的是 B 至 6B。为了更适应绘画需要又有了 7B/8B，我们称为绘画铅笔。HB 向硬性发展有 H 至 6H，大多数用于精密的工业机械制图绘制、产品设计表现等领域，如图 2-2 和图 2-3 所示为一些结构素描表现方式，结构素描是理解产品手绘的第一步，是部分由艺术绘画学习转变到工业设计效果图绘制的第一步。

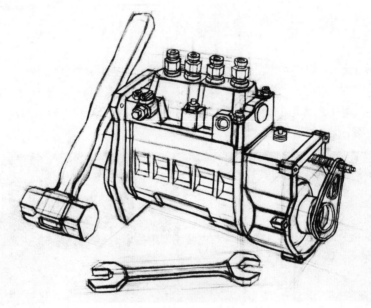

图 2-2　铅笔绘制结构素描范例 1

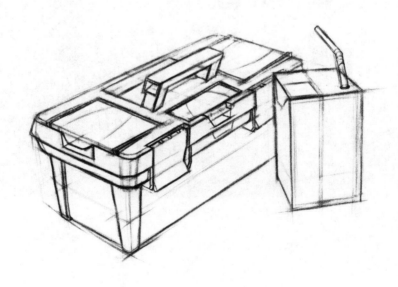

图 2-3　铅笔绘制结构素描范例 2

2.1.2 炭笔的使用

炭笔是一种质感很好的绘画工具，炭笔色阶表现的丰富程度远远超过了铅笔，而且在画产品效果图曲面光影变化的时候，还可以用手指涂抹画在纸面上的炭笔粉末产生柔和的色调层次，表现手段很丰富，如图2-4所示是常见的一些炭笔和炭精条画材。

但是炭笔的缺点是在纸面的附着力弱，碳粉会轻易地脱落，一不小心很容易弄脏画面，所以画效果图的过程中，最好配合素描定画液使用，画完之后喷一层定画液，这样就不会蹭掉画面中的炭笔痕迹了。炭精条比木炭条的附着力强一些，不过笔触手感稍微硬一些。炭铅笔结合了铅笔和炭笔的优点，比较适合刻画细节，画面中的笔触不会像铅笔那样产生反光，现在也有不少产品效果图的线稿是用炭铅笔来完成的，如图 2-5 和图 2-6 所示为一些炭笔结合的产品效果图。

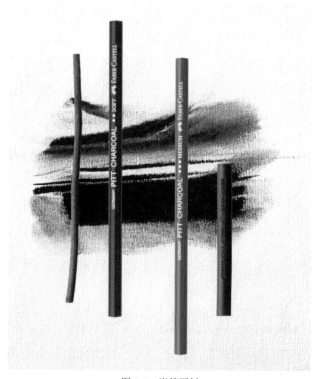

图 2-4　炭笔画材

图 2-5　炭笔产品表现范例 1

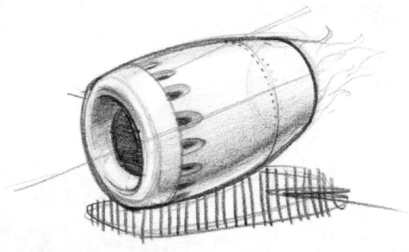

图 2-6 炭笔产品表现范例 2

2.1.3 钢笔、针管笔和高光笔的使用

钢笔、针管笔都是设计师画线的理想工具，尤其有一定基础的设计师比较喜欢使用。在画线过程中要发挥各种型号的钢笔笔尖形状的优势，甚至可以用线的排列和线与线之间的组织排列来塑造产品中的明暗区域。钢笔排线还可以追求虚实变化以达到拉开空间的效果。钢笔工具也可针对不同产品的材质、肌理、质地采用相应的排线方法，以区别效果图表现中产品材质的刚、柔、粗、细。还可按照产品结构关系来组织各个方向与疏密的变化，以达到画面表现上的层次感、空间感、质感、量感以及整幅画面效果形式上的节奏感、韵律感。

1. 钢笔

钢笔可以归类为自来水型硬质笔尖的笔，平时练习画图所使用的钢笔不一定要那种专业用笔，使用日常书写的钢笔绘画也可以，如图 2-7 所示。

图 2-7 钢笔类工具

以前用钢笔绘图的时候一般都会做一点加工：将钢笔尖用小钳子往里弯 30°左右，这样画出来的线条比较有韧性，而且感觉纤细流利，把笔尖调换反写会加粗线条，粗细控制自如。

其实钢笔这种工具简单、携带方便，用钢笔绘制的线条流畅、生动，富有节奏感和韵律感。钢笔勾勒出的产品线稿，通过其画出的线条自身的变化和线与线之间的巧妙组合排列表现产品手绘图。钢笔工具比较适合平时的设计思想记录，一个优点是钢笔线条通过粗细、长短、曲直、疏密等排列组合，可体现不同的质感，容易快速表现出来；另外一个优点是钢笔画的线条非常丰富，直线、曲线、粗线、细线、长线、短线都有各自的特点和美感。画图时，要求提炼、概括出产品设计的典型特征，生动、灵活地表现产品的设计思想。如图 2-8 所示是钢笔画表现产品效果图的一些效果，有直线的立方体的表现，也有曲线在汽车外轮廓上的运用，体现了钢笔工具的优点。

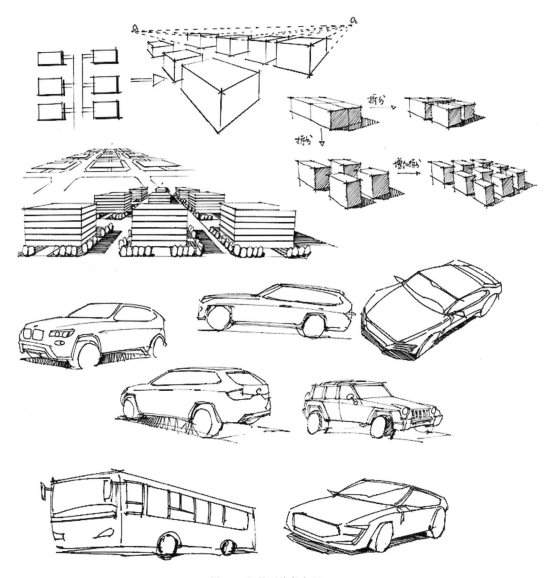

图 2-8　钢笔画线条表现

2. 针管笔

针管笔是各类绘图笔中笔头最为纤细的，针管笔有灌装墨水的专业针管笔，也有一次性的针管笔。灌装墨水的针管笔保养比较麻烦，画图时操作起来也较麻烦，而且每次快干的时候，需要重新注入墨水，使用不方便，所以用一次性的针管笔可能更加方便一些。

　　一次性的针管笔有不少牌子都是不错的，平时画效果图的时候，针管笔要备好几种型号，用 0.1、0.3、0.5 和 0.8，这些不同型号的针管笔直接影响着线的粗细，有了线型的变化画面才会丰富，如图 2-9 所示是部分针管笔不同粗细的直观展示。针管笔在硫酸纸上挥发性好，画出来的线条流畅，而注墨水的针管笔画出来干得很慢，很容易蹭脏画面。针管笔在产品效果图表现中对产品边缘刻画起到了非常重要的作用，如图 2-10 所示。图 2-11 展现了针管笔起稿的效果范例。

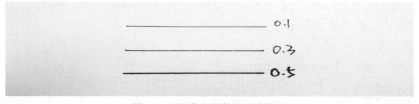

图 2-9　不同粗细针管笔画线效果

图 2-10　针管笔表现产品效果图过程

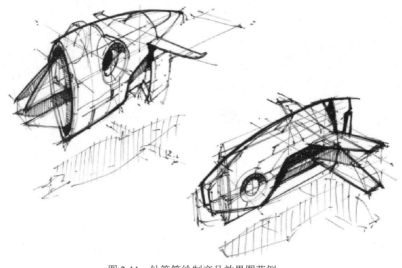

图 2-11　针管笔绘制产品效果图范例

3. 高光笔

在绘制手绘效果图时还需要高光笔。白色水溶性彩铅、修正液等都可以归纳为高光笔的范畴，当然也可以用细小的毛笔蘸白色水粉颜料进行高光绘制，如图 2-12 所示。

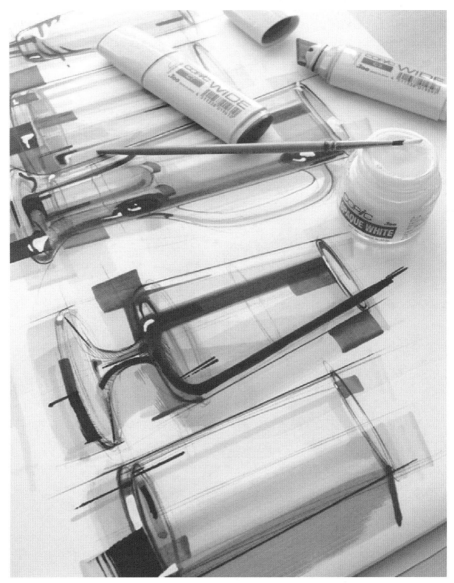

图 2-12　高光笔在产品效果图中的运用

2.1.4　鸭嘴笔的使用

鸭嘴笔配合界尺使用，可以用来画效果图中的线稿、直线，鸭嘴笔画出的直线边缘整齐，而且粗细一致。

在使用时，鸭嘴笔不应直接蘸墨水，那样会弄脏画面，而应该用蘸水笔或是毛笔蘸上墨汁后，从鸭嘴笔的夹缝处滴入使用，然后再拧鸭嘴笔前端的螺丝，通过调整笔前端的螺丝来确定所画线条的粗细，螺丝拧得越紧，画出的线条越细；螺丝拧得越松，画出的线条越粗。

画直线时，握笔的姿势一定要注意，手握笔杆垂直于纸面，均匀用力从左至右横向拉线，注意速度不要太快，这样才能画出均匀的直线。

不过鸭嘴笔使用起来不方便，每画一根线都要用毛笔蘸上颜料或者墨汁滴入鸭嘴笔前端的夹缝，有的时候滴不准，还要用纸巾擦干净鸭嘴笔前端部分。再次强调，鸭嘴笔画线一般要配合界尺来画，如图 2-13 左图所示传统的鸭嘴笔在绘画过程中存在上文所述的各种弊端，在现如今的新款鸭嘴笔产品中已经被解决，图 2-13 右图所示的现代鸭嘴笔既固定了线条的粗细，也减少了蘸取墨水的过程。

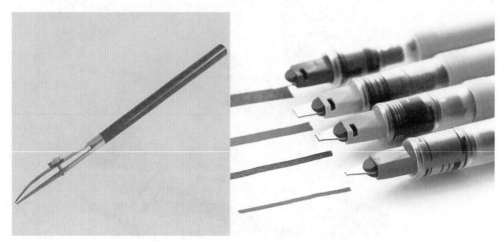

图 2-13　传统鸭嘴笔与改良后的烟嘴笔

2.1.5　蘸水笔的使用

前面讲到鸭嘴笔的使用时提到了蘸水笔，蘸水笔分类没有清晰的界限，一般油画笔、水粉笔都能作为蘸水笔应用，如图 2-14 所示是一些常见的蘸水笔画材。

图 2-14　蘸水笔

蘸水笔的种类较多，不同种类的蘸水笔笔尖的粗细及形状各有不同。蘸水笔也可以用来直接画线，我们可以根据所画效果图内容的不同选用不同粗细的蘸水笔。

有的蘸水笔笔尖弹性很强，可根据下笔用力的大小画出粗细不同的线条；有的蘸水笔笔尖弹性较弱，轻轻下笔就能得到较粗的线条，如图 2-15 所示。蘸水笔画出的粗线条比较圆滑，最适合画轮廓线，如图 2-16 所示。

图 2-15　蘸水笔重压绘制粗圆线条

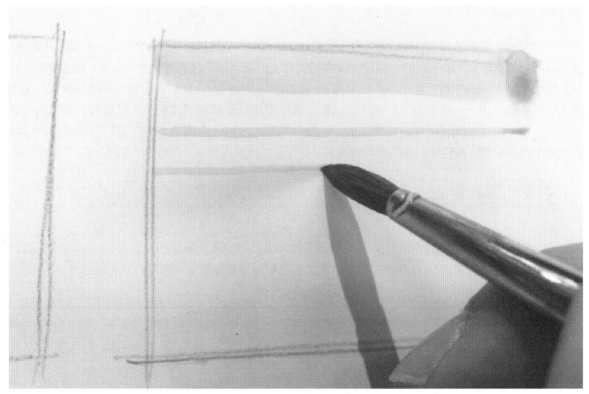

图 2-16　蘸水笔轻压绘制细线

有的蘸水笔笔头是小圆形，圆笔尖适合画很细的线条，如图 2-17 所示。但下笔力度大的话，用其他几种笔尖的蘸水笔一样也能画出较粗的线条，变化自如。

图 2-17　小圆形笔尖蘸水笔绘制排线

总之，可以依照画图过程中出现的不同情况，以及想要得到的效果，选用不一样笔头的蘸水笔。

2.2　上色绘图工具的使用方法

在产品设计快速表现中，需要用各种丰富的色彩、纹路、肌理来表现产品的特质、材质、光影等，这可以增强产品效果图的表现力，现在画效果图的方法也渐渐从传统的用一大堆工具（如鸭嘴笔、界尺画图等）复杂表现进化成用马克笔、彩铅的快速表现，方便快捷。所以对上色工具的选择以及运用要有一种新的认识。一般情况下，铅笔、水笔、钢笔等适宜画清晰的线条，水粉笔易于表现大面积的上色。产品背景的大区域可以用大笔触，也就是毛笔、水粉笔来挥洒，而产品的细节部分则可用铅笔或水笔去勾画，炭铅笔则是在两种情况下兼可使用的。

2.2.1　彩铅上色

彩色铅笔是常用的、容易掌握的上色绘图工具，具有一定素描基础的设计师，一般都比较喜欢用彩色铅笔绘图。如图 2-18 所示是常见的水溶性彩色铅笔画材，拥有很多的颜色可供选择。

图 2-18　彩色铅笔画材

水溶性彩色铅笔在专用的绘图纸上具有很好的表现效果，在复印纸面上也能画，但是复印纸表面光滑，彩色铅笔也比较滑，效果稍微会受到影响，彩色铅笔可以通过水的稀释和渐变涂抹，表现出非常丰富、自然的色调过渡和产品效果图上的细腻层次。彩色铅笔在绘图过程中也可用作勾线，非常方便。

彩色铅笔在效果图手绘表现中起了很重要的作用，无论是对概念方案、草图还是最终的产品效果图而言，它都是一种既操作简便又效果突出的优秀画图工具。我们可以选购从 18 色至 48 色之间的任意类型和品牌的彩色铅笔，其中也包括前面讲到的"水溶性"彩色铅笔，水溶性彩色铅笔可发挥溶水的特点，用水涂色取得浸润感，也可用手指或纸来通过擦拭笔迹涂抹出柔和的效果，如图 2-19 所示为水溶性彩铅的浸水效果。

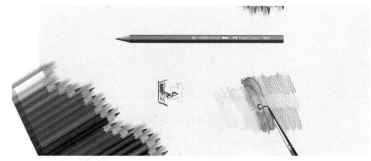

图 2-19　水溶性彩铅浸水效果

设计师经过大量练习能很好地掌握彩色铅笔的绘图技巧。在进行基础素描的时候，用的工具基本都是铅笔。

用彩铅上色要有一定的耐心。要画出细腻的感觉——彩铅画效果图要笔触细腻才能出效果。绘制效果图的时候，首先，要把笔头削尖（不要太尖）来画，再一层一层地上彩铅。

彩铅和水粉颜料一样，不同颜色的彩铅叠加会形成另外的颜色。如果有绘画基础，要善于用彩铅找到自己的灵感。使用彩铅画产品效果图切记不能用力涂，不能急于求成，要一层层地画，如果遇到颜色比较重的区域可以运用不同颜色的彩铅相互叠加。

在这里分享 3 个用彩铅绘图的经验。

● 有的人把笔削得很尖，实际上不要太尖，那样不是特别好用，下笔时容易断，笔头最好带一些圆角。

● 在刻画产品效果图中的细节部分，或者进行小面积的绘制（如某个产品的小按钮）时，要把笔垂直于纸面进行绘制，如图 2-20 所示；绘制大面积的区域时，要把笔倾斜然后用笔的侧面由重到轻地涂抹，这样既省力又容易出来效果，如图 2-21 所示。

● 总之记住彩铅适用于层次的逐步叠加，在叠加过程中不要始终用一种颜色涂抹，可以用多种相邻色系的彩铅进行绘制，如图 2-22 所示。

图 2-20　彩铅刻画细节

图 2-21　彩铅暗部侧面平涂

图 2-22　彩铅不同颜色叠加

2.2.2　喷笔上色

　　喷笔画图法是以前效果图表现经常用到的一种方法，喷笔的运用方法是通过气泵的压力将笔内的颜色喷射到画面上。如图 2-23 所示，左边是传统的喷枪式喷笔，右边是 Copic 品牌推出的气泵式喷笔。

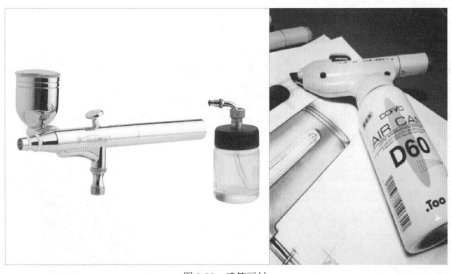

图 2-23　喷笔画材

喷笔画图需要用到遮挡纸，其在画面中的造型效果主要是依靠遮盖后的余留形状得来。喷绘制作的过程是喷和绘相结合，对于一些产品的细部和场景、使用环境等的表现是先用喷笔然后再借助其他画笔来绘制。喷笔作品画面效果细腻、明暗过渡柔和、色彩变化微妙且逼真，如图 2-24 所示。

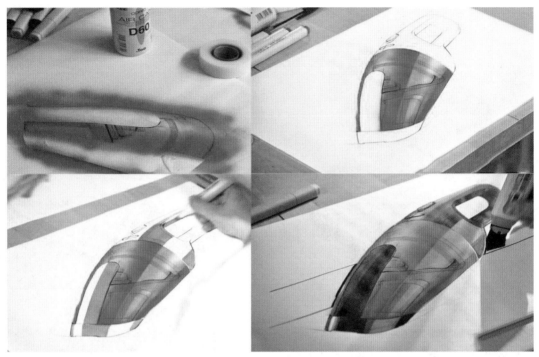

图 2-24　喷笔上色效果图

喷绘的操作要领主要是细心，要做好充足的准备工作。完成一幅高质量的喷绘产品效果图，不仅要对喷绘工具非常了解，喷绘的技巧也要熟练掌握。在产品效果图中，喷绘技法的程序和要求有以下几点。

- 先浅后深，留浅喷深，先用喷笔喷大面，后用其他工具画细节。
- 色彩处理力求单纯、统一，再在统一中找变化，不宜在变化中找统一。
- 多注重画面大色块的对比与调和，忽略单体的冷暖变化。
- 先强调画面中主体内容的明暗对比，削弱主体产品周围的产品及配景的对比反差。
- 产品转折处的高光和光源处理要放在最后阶段进行。高光不要全是白色，应与物体固有的色相和在空间里的远近以及与光源的距离相适合。
- 喷绘柔和质感效果时，不要见到曲面就喷，只喷几处重点区域，光源、环境光不喷为好。
- 喷笔使用的专用颜料务必搅匀，以免堵笔，喷出的颜料在纸上要呈半透明状。
- 产品线框底稿要求线条轮廓准确清晰，不要有看不清楚的地方。
- 喷笔画的修改必须谨慎，如果是大面积的修改最好洗去重喷，一般情况，洗过的地方也会留下痕迹，故重新喷色的地方最好将颜料调稠一点，第一遍干透后再喷第二遍，或者可不洗直接在原来上好颜色的区域上用笔改色，改后再用喷笔喷出相近的颜色。

在了解完喷笔使用时需要注意的程序要点之后，结合图 2-25 至图 2-29 了解喷笔结合马克笔进行的产品手绘效果表现过程。

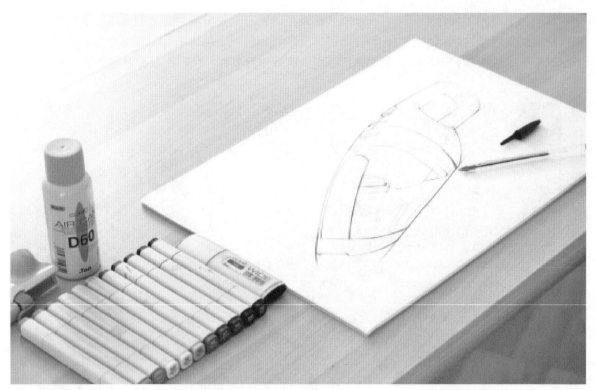

图 2-25　起稿过程

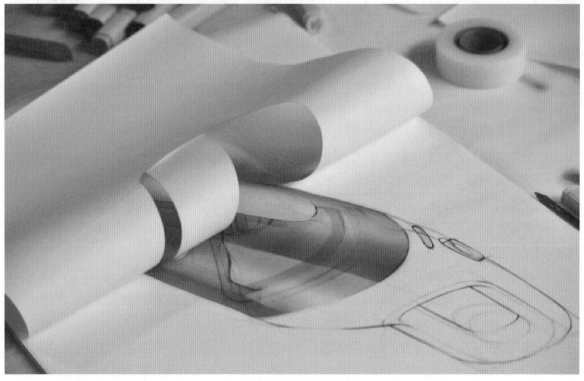

图 2-26　遮挡纸配合喷笔过程

图 2-27　马克笔上色过程

图 2-28　尺规强调高光过程

图 2-29   马克笔最后刻画细节和背景

2.2.3   马克笔上色

马克笔是一种比较常用的上色工具。根据马克笔颜色成分，可将其分为水性马克笔、油性马克笔和酒精性马克笔。马克笔以色彩丰富、着色方便、成图迅速等优点广泛受到设计师的喜爱，如图 2-30所示。马克笔又称麦克笔，通常用来快速捕捉产品设计构思以及绘制精细设计效果图。马克笔有单头和双头之分，能迅速上色表达效果。产品快题设计、快速表达都会用到马克笔，马克笔是现在最常用的绘图工具之一。

图 2-30   马克笔画材

马克笔需要配合其他绘图工具使用。基础薄弱的同学，首先最好用铅笔起稿，再用水笔把基本线框勾勒出来，勾勒线稿的时候要放得开，不要拘谨，允许出现一两条线的错误（因为随着上色阶段的深入，马克笔可以帮你盖掉一些出现的错误），然后再用马克笔上颜色，上颜色的时候也要放开，要敢下笔，否则整体画面会感觉比较小气，没有张力。如图 2-31 所示，是铅笔起稿图和第一遍上色的表现。

图 2-31　铅笔起稿和马克笔第一遍上色

马克笔笔头分扁头和圆头两种，扁头正面与侧面面积不同，运笔时可根据产品中各上色区域的大小发挥其形状特征以达到自己想要的那种效果。圆头画出来的线条宽窄均匀，但是不足之处是难以在一些小面积区域上色，圆头不像扁头有那么多的宽窄面可以选择，如图 2-32 所示。

图 2-32　马克笔方头、圆头运用区域

马克笔上色后不易修改，一般应该先浅后深。上色时不要一开始就将颜色铺满画面，要有重点地进行局部刻画，画面会显得更为明快生动，如图 2-33 所示。马克笔同一种颜色的叠加会使颜色加深，但是不宜反复叠加，叠加次数过多则无明显效果，且容易弄脏画面颜色。

图 2-33　马克笔多次上色层次感

　　马克笔上色时的运笔排线与铅笔画线稿一样，也分徒手画与工具辅助画两类，应根据不同产品表现形态、产品材料、表现风格来选择不同的表现方法，如图 2-34 至图 2-36 所示。

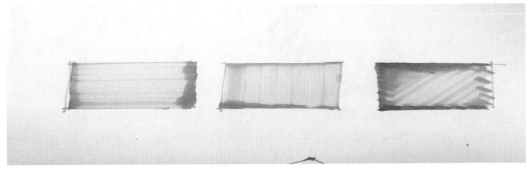

图 2-34　马克笔不同方向排线

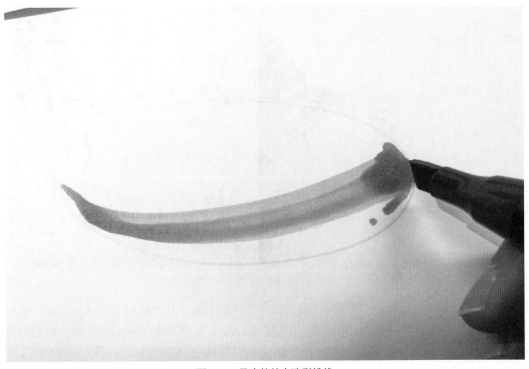

图 2-35　马克笔结合造型排线

图 2-36 马克笔配合曲线尺排线

水性马克笔修改画面效果时可用毛笔蘸水洗淡，油性马克笔的颜色弄脏了可用笔或棉球头蘸酒精洗去或洗淡，如图 2-37 所示。

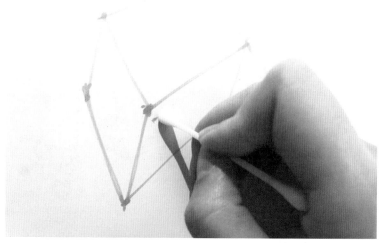

图 2-37 棉球蘸取酒精修改马克笔痕迹

酒精性马克笔透明性强，易干，上色过渡性好，是当前使用较多的一种马克笔。马克笔虽然上色快捷、颜色清爽明快，但是其挥发快，不宜涂抹大面积色块，平时要注意使用方法。

在手绘的练习阶段我们可以选择价格相对便宜的水性马克笔，这类马克笔大约有 60 种颜色，还可以单支选购。购买时，最好根据个人情况自行选择颜色，储备 20 种以上，并以灰色调为首选，不要选择过多艳丽的颜色，建议以 CG 系列与 BG、WG 系列为主。如果习惯用油性马克笔，那么可以选用 120 色、有方头和圆头、价格在 10 元左右的马克笔，水分很足，用起来很容易出效果。作为专业的产品设计表现颜色至少需要 60 种以上，画产品效果图最好灰色系要全。当然，马克笔也根据个人喜好而定，是酒精性、水性或者是油性马克笔依照自己的使用情况选择。

　　在进行了马克笔特性的简单介绍，了解了使用注意事项后，在图 2-38 中给出了使用马克笔绘制吸尘器的步骤图示意，图 2-39 是使用马克笔淡彩进行的非常简单的修饰效果。

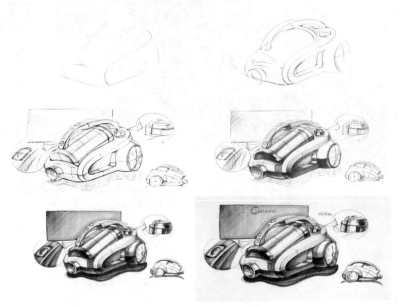

图 2-38　马克笔绘制吸尘器过程

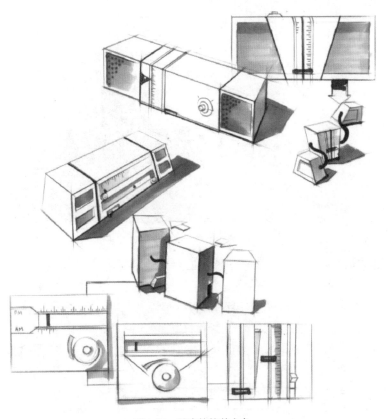

图 2-39　马克笔简单上色

2.2.4　色粉上色

如图 2-40 所示为色粉画材。

图 2-40　色粉画材

提到色粉画法，不得不说一下色粉画法所需的工具，具体如下。

● 调色盘：最佳选择是瓷制纯白色的无纹样餐盘 (因为有纹样的盘子容易干扰你的视线)，并按大、小号各多准备几个。

● 盛水工具：小盆或小塑料桶等作为涮笔工具。

● 画板：常用的是那种普通木制画板，里面是空心的，以光滑无缝的夹板为好。画效果图时如果想让姿势更加舒展，还要备一个画图桌，可以支起一个角度，让画面倾斜一些。

● 水溶胶带或乳胶：这是裱纸必备的封边用具。

● 吹风机：在效果图画好后，为了尽快让画面干透，经常会用到它。

● 小块洁净毛巾：擦笔用 (色粉画效果图经常会用水粉笔蘸白色颜料画高光)，也可以用其他棉制的布品代替，涮笔后在布上抹一抹，以吸除笔头多余的水分，为后面的上色做好准备。

用色粉画图步骤过程如下。

01 先用木炭铅笔或马克笔在纸上画出产品设计的线稿图，记住要精细，并且明暗等细节造型均须充分表现出来，遇到有暗部深色要果断下笔。

02 产品线稿素描关系完成后先在受光面着色，类似彩色铅笔，可用遮挡纸做局部遮挡，第一遍上色粉不宜过厚，针对大面积颜色变化可用手指或面巾纸抹匀，如图 2-41 所示是用小刀削取色粉的过程和用面巾纸涂抹色粉的过程，涂抹精细部位则最好使用马克笔尖头的部分进行擦抹塑造，如图 2-42 和图 2-43 所示，这样既可处理好色彩的退晕变化，又能增强色粉在纸上的附着力。

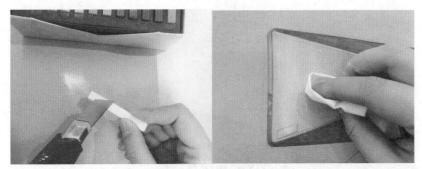

图 2-41　色粉的取用

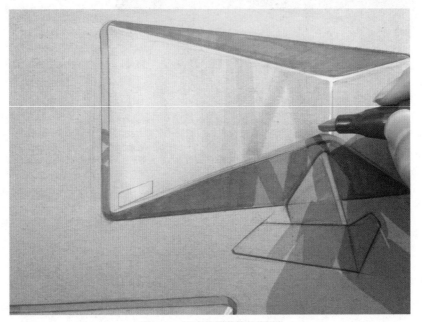

图 2-42　马克笔简单擦抹塑造

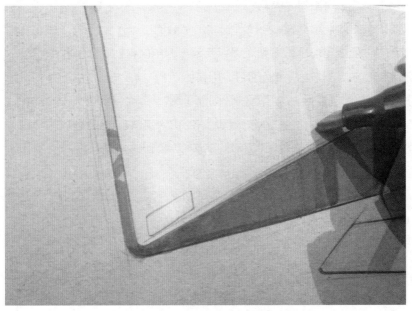

图 2-43　马克笔绘制局部效果

03 画面中产品整体效果出来后只需在暗部加一点反光即可，不要将色粉上得太多太乱。如图 2-44 和图 2-45 所示是最后利用高光铅笔对反光部分的细节刻画。

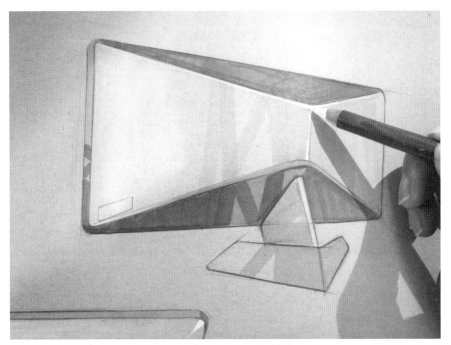

图 2-44　高光铅笔细节刻画范例 1

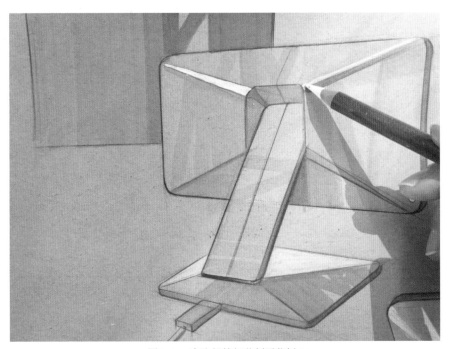

图 2-45　高光铅笔细节刻画范例 2

　　前面讲到固定液，这里再强调一下，当运用色粉进行绘制，整体效果图完成以后，最好用固定液（定型剂）喷罩画面，防止色粉粉末蹭掉，便于效果图的保存。产品效果图表现要善于利用色纸的底色，因而事先应按产品设计内容、产品的使用场景，选好符合色调的色纸，如图 2-46 所示为最终效果。图 2-47 所示是跑车结合色粉和马克笔绘制的另一步骤图展示。

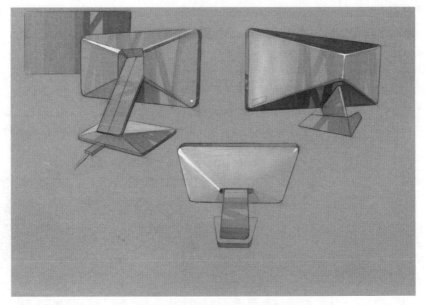

图 2-46　高光铅笔细节刻画范例 3

图 2-47　跑车色粉步骤图

2.2.5　水彩上色

　　水彩画法是 20 世纪 90 年代手绘效果图表现中最常见的着色技法之一，现在也有不少设计师喜欢用水彩着色绘制产品效果图。读者在平时练习中可以尝试用水彩进行着色。常见的水彩颜料有 18 色的那种，一般效果图用 A3 或 A4 大小的打印纸、复印纸，用水彩纸效果会更好。配合水彩画法的纸、水彩纸的种类有哪些呢？

要是用吸水性不好的纸，水彩画效果图的效果很难得到充分的表达和发挥。尤其是当水彩水分较多时，会看到纸的颜色，所以一定要考虑好，选好纸的颜色和质料。为了能够充分表现水彩的特色而特别制造的纸就是水彩纸，至于纸张的颜色，一般文具店有蛋白色和纯白色的可选，至于纸张表面，光滑无纹和带细纹的都有，如图 2-48 所示是一些常见的水彩固体和管状颜料，以及水彩纸纹样。

水彩价格较为便宜，另一大好处是可渲染，切记要使用厚一点的纸张，由于水彩是透明的颜料，万一出了差错是盖不住的，所以一定要想好了再下笔，由浅入深。用水彩技法表现工业设计手绘图时画笔笔触的体现也是丰富画面的关键。运用提、按、拖、扫、摆、点等多种手法，可以让效果图画面更加生动。如图 2-49 所示，这幅汽车的水彩效果绘制就采用了多种绘图方法。

在水彩表现以及透明水色表现中我们还要用到毛笔类的画具，常用的有大白云、中白云、小白云、小红毛、叶筋，当然还有板刷。

水彩具有透明性好、色彩淡雅细腻、色调明快的特点。运用水彩技法着

粗纹样

细纹样

图 2-48 水彩画材与水彩纸纹样示例

图 2-49 多种运笔手法表现的水彩效果图

色一般由浅到深，不过亮部和高光需预先留出，绘制时要注意笔端所含水量的控制，水分太多，会使画面水迹斑驳；水分太少，色彩枯涩、透明感降低，影响画面清晰、明快的感觉。

水彩上色渲染也是绘制工业设计效果图时的一种常用技法，包括现在也有不少效果图是运用水彩绘制的。

水彩表现要求线稿图形准确、清晰，但是不要擦伤纸面，而且纸和笔上含水量的多少十分讲究，即画面色彩的浓淡要掌控好，例如绘制大型交通工具时空间的虚实、笔触的感觉都取决于对水分的把握。如图 2-50 所示，在汽车周围的环境渲染上水分较多，而在汽车前灯的刻画上，对水分的控制更加细致，水分含量较少。

在绘制过程中可以把你所画的图面略微倾斜一点，大面积区域用水平运笔，小面积区域可垂直运笔，趁画面上水彩还是湿润的时候衔接笔触，可取得均匀整洁的效果。

图 2-50　水彩效果图上的水分干湿变化

2.2.6　丙稀颜料上色

丙烯颜料的特性和水彩、水粉不同，丙烯颜料根据其稀释程度的不同可以画出区别很大的效果，如图 2-51 所示。

在调和丙烯颜料的过程中，多加一些清水可以画出淡如水彩的效果，少加清水可以画出浓如油画笔触般的效果。

图 2-51　丙烯颜料上色过程

通过丙烯颜料画出来的画面干燥后耐水性较强。可重复做色彩重叠，丙烯颜料常常用在手绘墙、产品手绘宣传广告等方面，在纸面的产品效果图绘制上的运用效果如图 2-52 所示。

丙烯颜料上色很少出现色彩不均匀的现象，使用起来较为方便，但干燥较快，容易损伤画笔以及调色板等工具，因此使用丙烯颜料作图后要记得及时清洗画具。

图 2-52　丙烯颜料绘制产品效果图

2.2.7　水粉上色

在马克笔工具还没有普及之前，水粉画技法是各类产品类型效果图表现技法中运用最为普遍的一种。这种方法适用于表现大面积的底色(产品效果图背景或产品中较大区域等)和产品上的几种颜色。水粉表现技法大致分湿画法、干画法两种,也可以干湿相结合使用。

1. 湿画法

"湿"这个字是指画图之前在图纸上先涂清水后再衔接、过渡。湿画时必须注意底色容易泛起的问题,图面上容易产生粉、脏、灰的效果。如果出现这种现象,最好将画不好的颜色用笔蘸水洗干净,等到干后重画,重画的颜色最好稍厚一点,要有一定的覆盖性。

2. 干画法

说到"干"这个字,并不是说不用水,只是水分比较少、颜色较厚而已。其特点是:画面笔触清晰而凌厉,色泽饱和明快,可以形象描绘产品效果图并且较容易具体深入。但如果处理不当,笔触会过于凌乱,也会破坏画面的整体感。

水粉颜色具有较好的覆盖力,易于修改,不过水粉颜色的深浅存在着干湿变化区别较大的现象,一般情况下,刚刚上的水粉色是比较鲜艳的,颜色干透后会感觉浅和灰一些。

在进行局部修改和画面调整时,可用清水将局部四周润湿,再进行调整。绘制产品手绘效果图时往往是干湿与厚薄综合运用。这个方法有利于效果图的修改调整,有利于整体效果的深入表现。不过从以前的画图经验来看,宁薄勿厚是比较可取的。具体来讲,是指着色或调混颜料时用较多的水。当画大面积颜色时宜薄,画局部时可厚。

如图 2-53 至图 2-56 是用水粉干湿结合绘制产品的过程图,首先用轻薄的蓝色水粉铺设背景,在背景铺设完成后,用白色的水粉进行高光点绘制,再用深色笔在产品上继续刻画细节。

图 2-53　水粉干湿结合绘图步骤 1

图 2-54　水粉干湿结合绘图步骤 2

图 2-55　水粉干湿结合绘图步骤 3

图 2-56　水粉干湿结合绘图步骤 4

　　如图 2-57 和图 2-58 是国外设计师的水粉画产品场景效果图。效果图的绘制十分真实，但是绘制这种详尽的效果图需要大量的时间，在真实的用于客户与设计师交流的产品效果图绘制中不需要做到这一步。

图 2-57　水粉画产品场景效果赏析 1

图 2-58　水粉画产品场景效果赏析 2

《第 3 章》
产品设计表现技法的基础训练

3.1 透视空间构图

3.1.1 一点透视

一点透视又叫平行透视，消失点只有一个，是物体的正立面和画面平行时的透视方法，正立面与物体本身比例一致，也可看作一个立方体与画面平行。在这里我们把立方体看作一件产品，这个立方体与视线垂直，基本没有透视变化。表现汽车的全侧视图或者表现某个功能按键大部分集中在一个面上的产品时经常用到。

如图 3-1 所示，A 为画面，B 为桌面，我们可以看到，立方体的三组线的两组分别与画面、桌面平行，另一组线则消失于视心，这种透视关系称为一点透视。

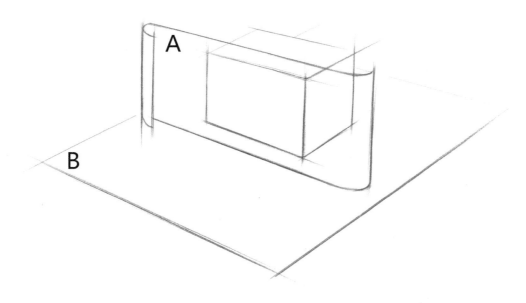

图 3-1　一点透视讲解

在画面中只有一个物体时，一点透视图所能表现的范围如图 3-2 所示，人的视线从 E 面和 F 面观察，观察视点在物体的左方、右方、中间 3 个不同位置。

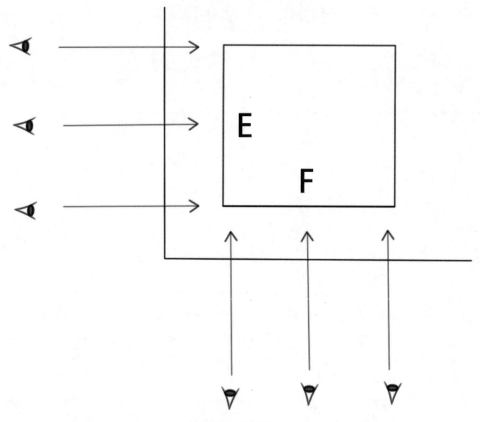

图 3-2　观察视角

再根据眼睛 (也就是视平线的位置) 高度来看一个面，分别是上、中、下 3 个位置。此时所能描绘的透视图如图 3-3 所示，视点在多个物体的中心位置，这是一点透视的基本构图方法。

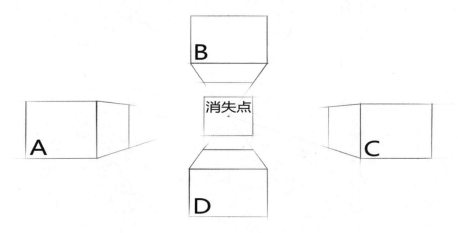

图 3-3　一点透视构图方法

图中正方体是视点在物体下方的例子，要绘制在视平线之上也就是比眼睛更高位置的物体时，可以绘制这样的构图：正方体 A 和正方体 C 表现视点位置在视平线之中，也就是说视点位置和人眼睛的高度齐平，当物体往左边或右边移动的时候，这种透视关系最合适；正方体 D 表现为物体在视平线下方，一般表现较小的产品时需要用到这种位置关系。

以汽车透视为例，用一点透视方式来绘制汽车有两种情况：一种是视平线在物体之中，人的视平线较低。另外一种是视平线在物体之上，人的视平线较高。这是常见的两种一点透视情况，如图 3-4 所示。

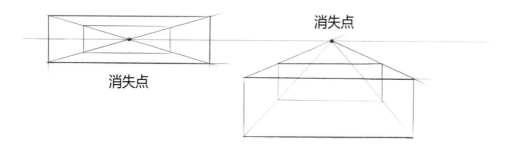

图 3-4　汽车的视角选择

图 3-5 表现出了这两种透视情况，上面汽车这种一点透视表现纵深感强，表现范围也比较广泛，观者视线较低。下面汽车的透视表现也属于一点透视，该透视观者的视线较高，一般在表现物体顶面造型的时候比较常用。

图 3-5　一点透视的两种情况

3.1.2 两点透视

两点透视，又称作成角透视，有两个消失点。画面 C 与桌面 D 确定后，如图 3-8 所示，立方体有一组垂直线与画面平行，其他两组线均与画面成一个角度，而每组有一个消失点，一共有两个消失点，我们绘制的物体向视平线上消失。两点透视图画面效果比较饱满，并且可以比较真实地反映物体的形态特征，所以也是手绘效果图中运用较多的一种透视关系。在两点透视中向两个消失点消失的透视距离称为纵深，穿过中心点的一条与视平线垂直的线称为视中线，两点透视中的高度基准线称为真高线，两点透视中通过真高线下端点的一条作为地面基准的水平线，称作测线。

如图 3-6 所示是画面 C 和桌面 D 的位置关系，图 3-7 所示是立方体和画面的关系，就一个立方体而言，它与桌面平行但是不平行于画面，即对立方体的三组线而言，一组线与画面平行，其他两组线不与画面平行，并形成夹角，如果以 45°、75°、60°或任意角度来看则分别消失于左右两边的消失点。

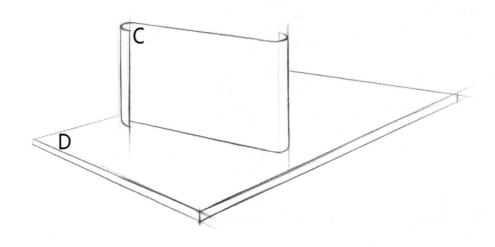

图 3-6 画面 C 与桌面 D 位置关系

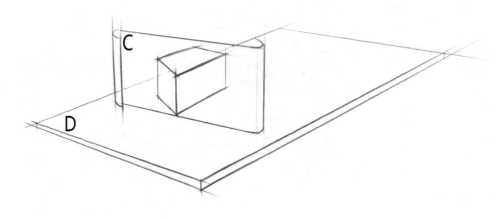

图 3-7 立方体与画面位置关系

如图 3-8 所示为长方体的两点透视关系，视平线在长方体之中，长方体的左右两组线分别消失于两端的消失点，视平线在长方体之上，长方体的左右两组线分别消失于两端的消失点。

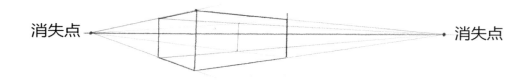

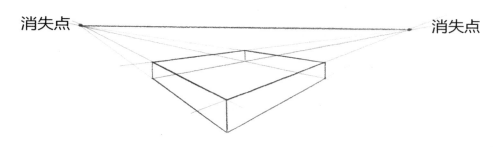

图 3-8　长方体的两点透视关系

同样以汽车为例，图 3-9 中上面这款汽车的视平线在物体之中，下面的汽车绘制时的视平线在物体之下。这两种情况都是手绘中运用较多的，两点透视能最大限度地表现物体的各个面。

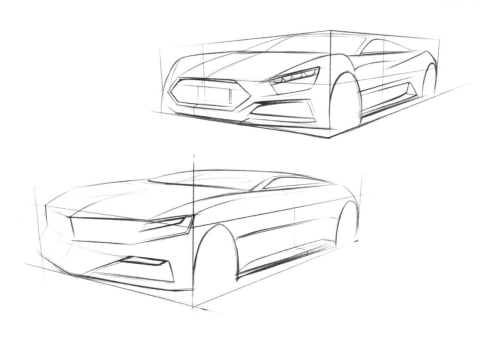

图 3-9　汽车的两点透视关系

3.1.3　三点透视与多点透视

倾斜透视的基本特点是：与画面和地平面都成倾斜的面，分别是向上倾斜和向下倾斜。向上的倾斜线向视平线上方汇集，消失于天点；向下的倾斜线向视平线下方汇集，消失于地点。天点和地点均在灭点的垂直线上，如图 3-10 所示。

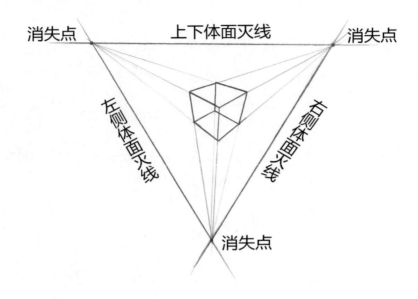

图 3-10　基本透视与产品透视线稿的关系

在学习了工业设计常见的透视技法之后，接下来要把基本透视运用到产品透视线稿当中去。在画图前，要选择适合反映产品特征的角度进行绘制。例如，当表现打印机、手机等小型产品时，就可以选择高视角高构图的成角透视，如图 3-11 所示是产品多角度透视的手绘效果图展现，在产品效果图中进行多角度的透视表现，更容易让人们理解其中的关系。

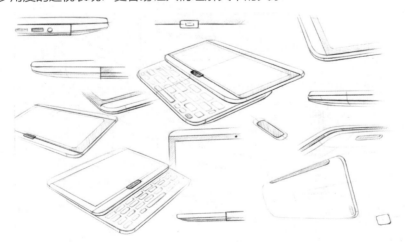

图 3-11　产品多角度透视的手绘效果图

下面将对绘制产品透视线稿的过程进行讲解。根据事先构思好的方案造型特点进行画面构图，注意主次关系，如图 3-12 所示。这幅图里以左面为视觉中心，基本上主体物就定到这里，其他角度的只是辅助说明。调整前后大小的变化，营造空间感觉，用单线大致把想表达的角度位置勾画出来。

图 3-12　画面构图主次关系

01 根据物体摆放位置开始勾画主体物基本透视关系，可以借助辅助线反复检验透视是否准确，以便确定物体主要结构线的位置，如图 3-13 所示。这里表现出了 3 种透视形式，可以全方位地表现产品的形态特点。常用的透视形式为成角透视。

图 3-13　结构线辅助观察透视

02 透视准确后就可以描画基本形态了，注意边画要边照顾到透视的变化，尤其是深入细节的时候要参考外轮廓线的走势，如图 3-14 所示。开始练习可能会耗费一些时间，但多练习就可以熟能生巧，速度也会提高。

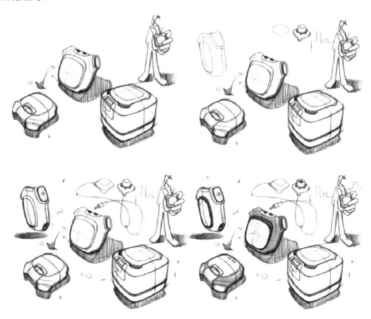

图 3-14　深入细节的时候要参考外轮廓线

03 继续深入着色，强调转折关系，注意材料质感，适当使用马克笔，调整完成，如图 3-15 所示。

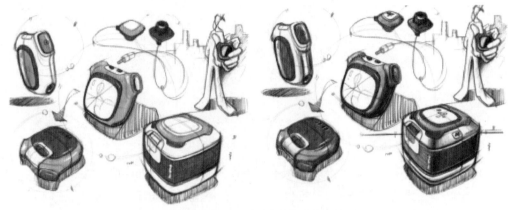

图 3-15 马克笔上色质感

3.2 基本形体练习

3.2.1 直线和立方体的练习

　　线条是绘画的基础，一切图形都由线条构成。流畅的线条可以展现设计师的基本功，使形体简洁、明快，如图 3-16 所示是真实产品中常见的以直线或立方体为主要造型特点的产品照片。在绘制这种特征的产品时，需要直线的大量运用。

图 3-16 硬朗线条产品实物图

水平线、竖直线和斜线在手绘表现中最常用，在表现产品的外形边线、中心线和截面线等关键位置时会经常用到。绘制各类直线是手绘表现基础技法中较为重要的部分。

1. 直线的练习

平时练习线条的时候，需要由浅入深，从易到难，可以从这个过程着手练习，尽量保证线与线之间的距离相等，并且线条本身要直、挺。

练习的方法如下。

01 绘制边线确定范围，然后在其内部绘制平行竖直线和水平线，如图 3-17 所示。

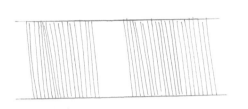

图 3-17　直线的排线练习方法 1

02 绘制一个正四边形以确定范围，然后在其内部绘制交叉斜线，如图 3-18 所示。

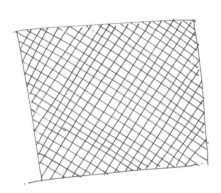

图 3-18　直线的排线练习方法 2

03 绘制 5 个以上的点，然后绘制点与点之间的连接直线，如图 3-19 所示。

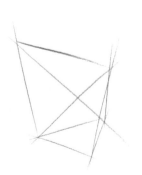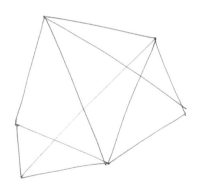

图 3-19　直线的排线练习方法 3

2. 立方体的练习

我们先从立方体开始绘图。由于在两点透视中，垂直方向上没有灭点，那么可通过以一定的比例复制垂直边线的方法来表现立面。将椅子的厚度画好后，如果光源来自左上角，那么所有暗面的线条就应该画得深一点，这样就可以将物体的空间感和厚度表现得更加突出，如图 3-20 所示。

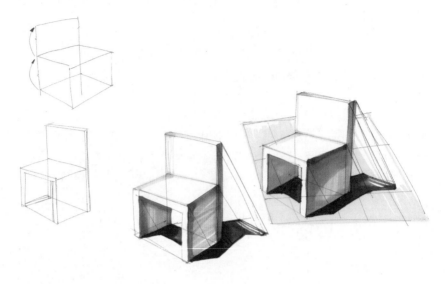

图 3-20　椅子的透视效果图

如图 3-21 所示，故意将立方体的每个对角大小画得有所不同，是为了避免立方体前后的垂直边线重叠在一起。将左侧的垂直边线 bb′画得比右侧的边线 dd′更加靠近正中间的边线 aa′，因为边线 bb′离左侧灭点的距离更近，如图 3-21 中红色框选内容所示。

完成一个立方体，还需通过两条水平边线 bc、cd，以及一条垂直边线 cc′，确定视角的位置。在一张提供有用信息的草图中，也会出现一系列透视交叉点，如图 3-21 中蓝色框选内容所示。底面 a、b、c、d 画好之后，根据右侧灭点位置最后画出边线 cc′和上表面 a′b′c′d′。

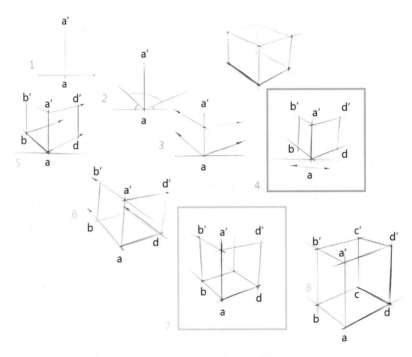

图 3-21　绘制立方体的方法讲解

　　练习画不同角度的立方体，可以使你积累丰富的经验，更好地完成一幅透视正确的作品，如图3-22所示。

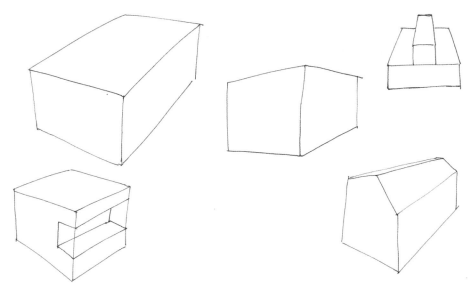

图 3-22　多角度立方体练习

　　记住这样的原则：画垂直边线时，永远不要比离你最近的垂直边线长。以书页为例，如图 3-23 所示，书页的宽度会随着翻页变得越来越小。

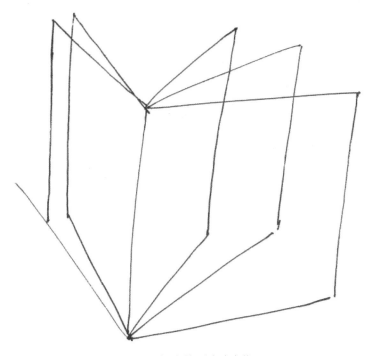

图 3-23　书页透视随角度变化

　　开始画草图的第一笔时就要确定视角的"选择"，要保证立方体所有的面都能被很好地表现出来，如图 3-24 所示这两个视角都不推荐，因为其中都有一个面被压缩得太多，而图 3-25 将立方体画得太对称会使人觉得很奇怪。

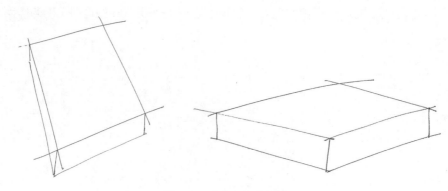

图 3-24　不适合表现的视角

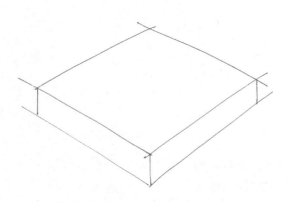

图 3-25　过于左右对称的视角

在画长方体时，绘图步骤会与画立方体稍有不同。当然，透视原理和大部分的步骤都是相同的。在画一个小盒子时，最根本的是你期望表现什么，如果需要画好盒盖子，必须找到合适的方法，如图 3-26 所示。

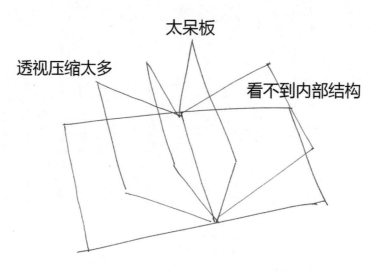

图 3-26　分析适合表现的盒盖视角

可通过在圆中绘制出盒盖不同旋转角度的透视图，了解哪些透视角度最合适，然后选择一个最有表现力度的角度，如图 3-27 所示，这里选择了一个比较平但是很容易绘制的角度。

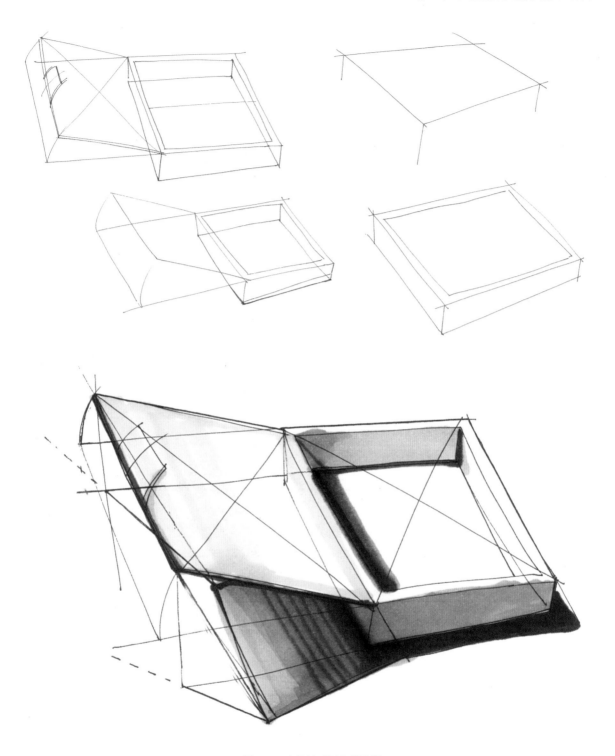

图 3-27 盒盖的透视表现过程

　　如图 3-28 至图 3-30 所示的透视练习，都是以直线和立方体为主要表现特点的产品效果图绘制，有利于加强观察对立方体产品在实物中的结合方式。画出一条果断而流畅的直线需要大量的重复，如图 3-31 所示是一款相机完成图效果绘制，在透视线稿准确的基础上再进行马克笔上色，能够让产品效果图的展现更加准确清晰。

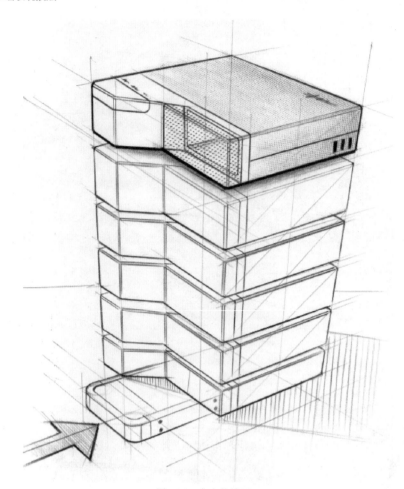

图 3-28　立方体练习 1

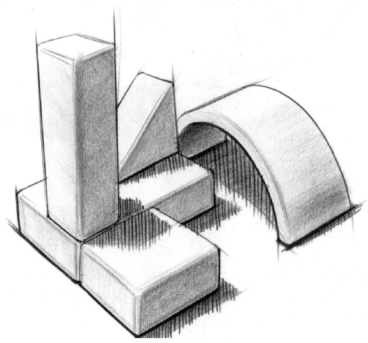

图 3-29　立方体练习 2

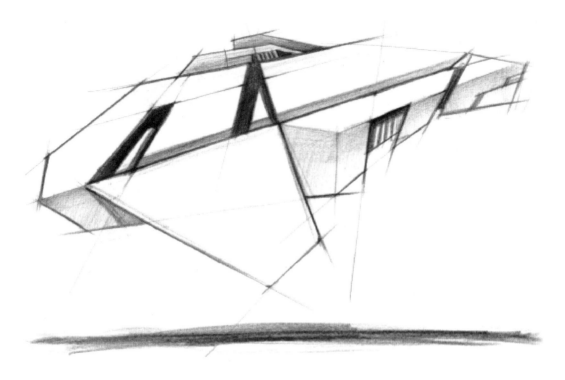

图 3-30　立方体练习 3

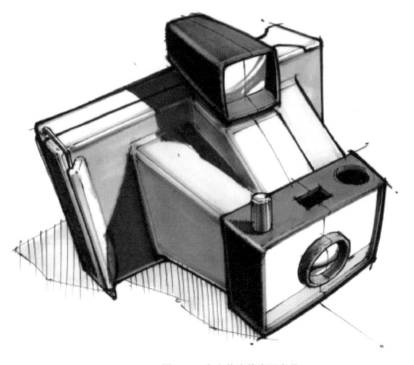

图 3-31　立方体直线表现产品

3.2.2　曲线及圆的练习

　　曲线在手绘表现中也较常出现，曲线包括圆形和椭圆形等。曲线可以给手绘作品以张力，通常用来表现产品中的曲面、圆角、按钮等。如图 3-32 所示，是真实产品中常见的以曲线或圆为主要造型特点的产品照片，在绘制这种特征的产品时，需要大量曲线或圆形的运用，练习的时候应该由简单的圆形和椭圆形开始，然后慢慢练习多个圆的叠加。

图 3-32　以曲线或圆为主要造型特点的产品

1. 曲线的练习

　　直线如果能熟练掌握就可以慢慢地进行弧线练习，大弧度如果掌握不好，可以先从小弧度弧线开始，速度放慢，先从同一个方向排弧线。抛物线在手绘表现中可以用来表现实际生活中带有弧面的产品外形。

在初学阶段，大弧度的弧线比较难掌握，可以先从小弧度开始，放慢速度，先从同一个方向开始练习排线。练习的方法，如图 3-33 所示。

01 按照自下而上或自上而下的顺序，先画小弧线，然后慢慢推进，画较大的弧线。

02 按照弧度的大小开始绘制弧线。

03 绘制对称弧线，先确定对称中线，并且上下各绘制两条横线，然后开始弧线练习。

自己可以设计有很多曲面元素的产品，照着这些曲面的边缘线开始绘制，主要目的是把弧线练习运用到实际产品手绘图当中去，这个阶段的练习时间比例可以增大一些。

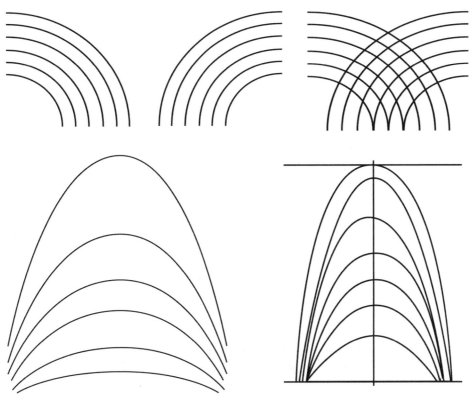

图 3-33　曲线的练习方法

2. 圆的练习

练习的方法，如图 3-34 所示。

01 绘制一个正四边形以确定范围，圆碰触到四边形的 4 条边。

02 绘制一个十字交叉线确定中心，绘制圆形。然后在其内部绘制圆形，尽量让圆形的边以交点为中心，均匀地由内而外绘制。

03 绘制上下两条边缘线确定范围，在范围内从左至右绘制圆形。

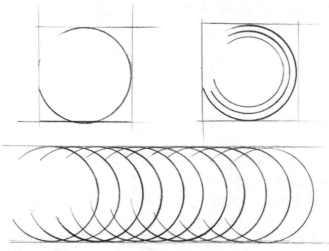

图 3-34 圆形的练习方法

3. 椭圆的练习

01 任意在纸上绘制一个椭圆形，尽量保证起点与终点能衔接上，绘制一个较大的椭圆形，然后在其内部反向绘制一个较小的椭圆形，如图 3-35 所示。

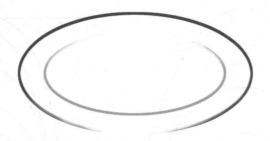

图 3-35 椭圆形练习方法 1

02 绘制上下两条边缘线确定范围，在范围内从左至右绘制椭圆形，如图 3-36 所示。

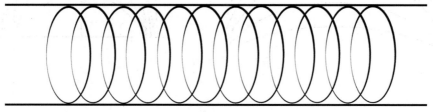

图 3-36 椭圆形练习方法 2

03 椭圆形就是一个带透视效果的圆。这个椭圆的画法与它的两个轴密切相关，我们可以用方中求圆的方法画，如图 3-37 所示。

图 3-37 方中求圆的椭圆形绘制方法

04 椭圆绘制时的注意事项：椭圆的画法与它的两个轴密切相关。其中长轴是指椭圆中最长的那一条线，短轴则是可以将长轴平均分成两半的那条线。两条轴线交叉的位置必须在椭圆的中心，且两线成 90°角，如图 3-38 所示。

绘制圆形透视图的时候，透视中心点 0' 与椭圆的中心点 0 并不相同，如图 3-39 所示。

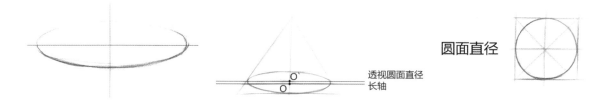

图 3-38　椭圆的长轴与短轴　　　　　　　　　　　图 3-39　明确透视中心点与椭圆中心点的区别

如果你把柚子平均切成两半，你就会看到它们的区别，如图 3-40 所示。

图 3-40　切开的柚子

先画一条中轴线 A 通过透视中心（并不经过长短轴交点）。如果按步骤画出椭圆的 4 条切线，就会在椭圆的外侧形成一个带透视的长方形。那这两组切线 (B、C) 应在透视圆面中相互垂直，如图 3-41 至图 3-44 所示。

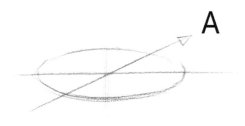

图 3-41　椭圆切线绘制步骤 1　　　　　　　　　　图 3-42　椭圆切线绘制步骤 2

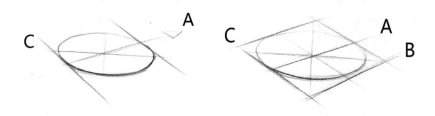

图 3-43　椭圆切线绘制步骤 3　　　　图 3-44　椭圆切线绘制步骤 4

　　如图 3-45 所示，手表的多角度透视表现，就是曲线与圆形及椭圆形的综合运用，手表透视角度的不同，表盘的画法也随之从正圆形到椭圆形过渡。

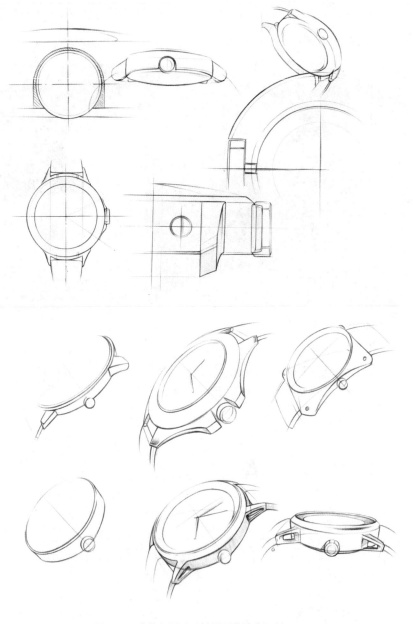

图 3-45　曲线与圆形及椭圆形的综合运用

3.2.3　圆柱体的练习

大多数产品中遇到主体部分为圆柱体的情况还是比较常见的，如图 3-46 所示是一些造型以圆柱体为主体的产品外观。圆柱体的绘制通常要掌握圆柱体上下面圆形在产生透视后的画法，在进行这一章的练习时，我们将会涉及 3.2.2 章节圆和曲线的相关知识。

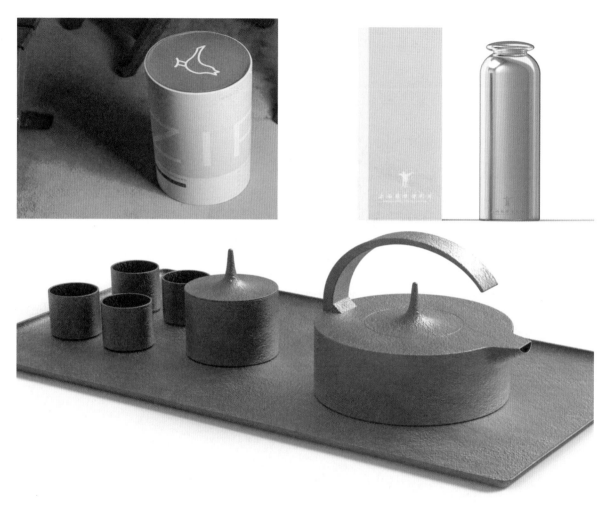

图 3-46　圆柱产品造型特点

1. 水平圆柱体

在绘制水平圆柱体之前，我们要先绘制出带透视的椭圆作为圆柱体开始，画好椭圆之后，再画一条穿过其透视中心的垂直线条，并与椭圆交于两点。最后穿过此两点画出椭圆的切线，作为物体把手的其中一个透视方向。把手另一个透视方向上的线条还应与圆柱体的中轴线相交于右侧灭点。从图 3-47 中可以看到把手是浮在空中的。做出椭圆垂直方向上的两条切线后，将两个切点相互连接并延长，这样就可以确定把手与圆柱体的位置关系。

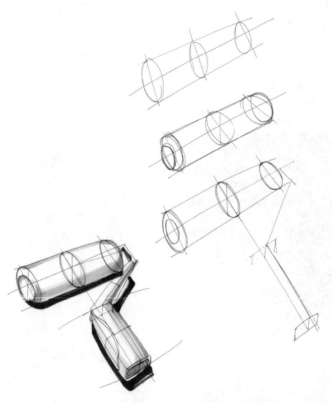

图 3-47　以椭圆的绘制为圆柱体绘制起点

如图 3-48 所示是一款摄像头的绘制过程，首先绘制两侧椭圆与穿过它们中心点的中轴线，然后再逐步通过结构线和细节的添加完善主体，最后通过加强结构线和阴影的绘制，使产品的光源更加明晰。

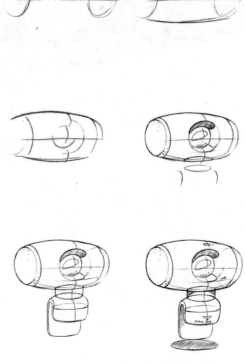

图 3-48　圆柱摄像头产品绘制步骤图

　　无论圆柱体以何种角度倾斜，椭圆的长轴与圆柱体的中轴线都应成 90°角。中轴线会随圆柱体的倾斜方向而改变。同时通过投影的表现可以确定圆柱体的位置和方向，如图 3-49 所示。

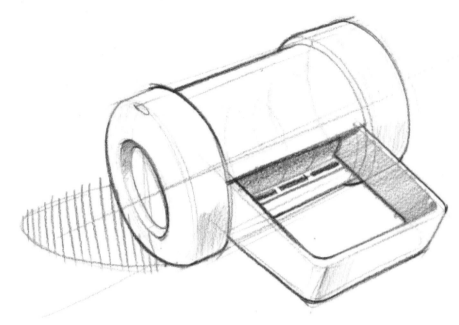

图 3-49　投影的表现确定圆柱体位置方向

　　如图 3-50 所示，钢笔的绘制过程中，中轴线的确定，使得穿过笔帽和笔筒的椭圆形透视更加准确，椭圆的切线确定了与椭圆相连的其他造型的透视。

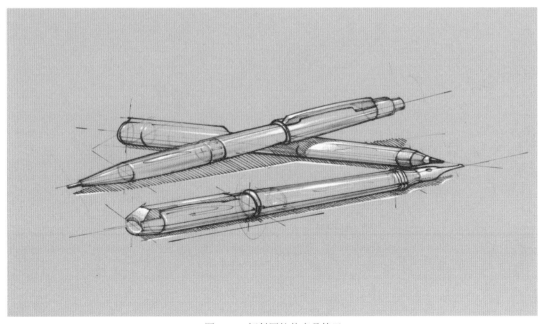

图 3-50　倾斜圆柱体产品练习

2. 垂直圆柱体

　　在画垂直圆柱体时，我们可以参照画垂直立方体的方式，但是不需要画出立方体后在其中画圆柱体，首先要画出一条中轴线，然后画出两个椭圆形的顶面和底面，底部的椭圆会比上面的更圆一些，如图 3-51 所示。

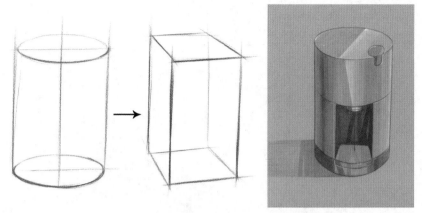

图 3-51　垂直圆柱体绘制

如果想要在圆柱体上再添加些附件，如类似把手等，那么就需要确定它的位置以及它和圆柱体之间的透视关系。这时你就会用到切线作为辅助线，如图 3-52 所示。

图 3-52　在圆柱体上绘制附件

3.2.4 球体的练习

如图 3-53 所示是一些生活中常见的以球体为主要特征的产品实物，在实际的产品设计案例中，完整地绘制球体的情况一般比较少见，通常球体会用在产品的某一模块，这就要求我们掌握球体和球面与产品结合时的画法。

图 3-53　以球体为主要特征的产品实物

绘制球体这种类型的物体时，椭圆是出现最多的图形。因为球体的截面为椭圆形，通过它们可以确定其他与球体连接部分的垂直透视方向，并通过球体与其他部分连接的截面线绘制球体产品，如图 3-54 所示。

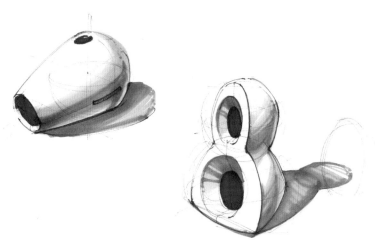

图 3-54　通过球体与其他部分连接的截面线绘制球体产品

球体的外轮廓大多是圆形，绘制的球体需带有高光。高光是通过截面来确定的，暗部的颜色会渐渐变深。与圆柱体一样，绘制时需要一个低视角和一个高视角的球体。稍靠里一点的，呈月牙形状的明暗交界线，如图 3-55 所示。

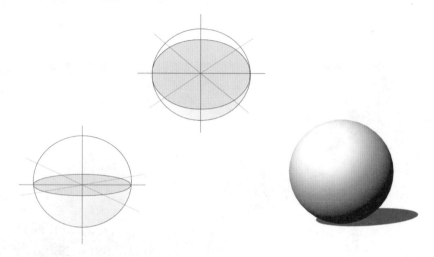

图 3-55　球体的明暗交界线和透视图

3.2.5　圆角的练习

几乎每种工业产品的外形都有圆角。这些圆角通常与生产制造和装配过程有关，并且对产品的外观影响非常大。实际上琳琅满目的各类产品仅存在几种基本的圆角类型，只是它们逐渐从单方向到多方向、多角度变化，从而拥有了大小不同、多种多样的外形，如图 3-56 所示。

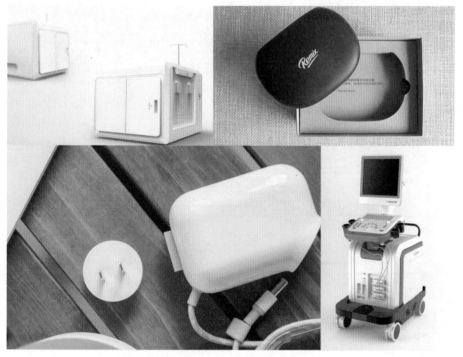

图 3-56　工业产品的圆角外形

图 3-56　工业产品的圆角外形（续）

在进行产品绘制时，画好复杂的圆角能够更好地表现产品的真实细节，接下来将通过单向圆角和复合圆角两种类型描述产品圆角的绘制过程。

1. 单向圆角

单向圆角是指圆角的方向仅仅朝向一面。这种最简单的圆角类型有点像冲压所形成的弯折。单向圆角几乎存在于所有的产品中，只是有些比较明显，有些比较微小而已。勤于分析和观察各种身边的产品是掌握单向圆角的最佳方法。

练习时可以先绘制物体的大致结构，然后再细修圆角部分的结构。物体左右对称的圆角在透视图中看起来完全不同。可以借助参考线来比较画出对称的圆角，如图 3-57 所示。

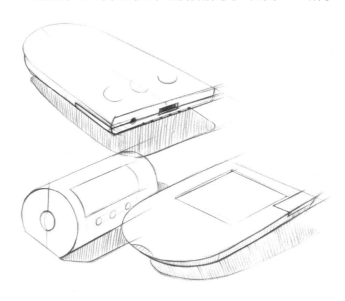

图 3-57　圆角的练习

如图 3-58 所示，利用一个圆角所在的四边形来找到其对称圆角的位置。只有理解了圆角才知道在何处以什么样的方式来绘制产品的结构线。需要花些时间在产品的表面上绘制一些必要的结构线，目的在于使产品的结构和造型看上去更清晰，并且可以省略某些复杂的暗面与细节部分的绘制。

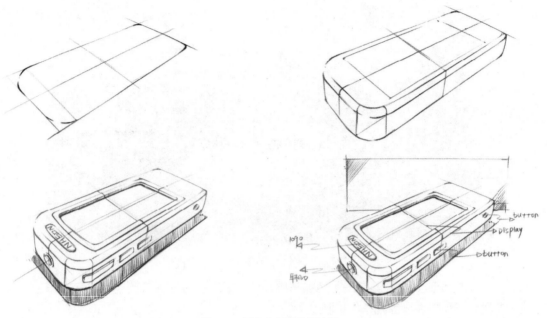

图 3-58　圆角产品的绘制过程

　　当长方体中的圆柱体部分比较小时，将其称为单向圆角。如图 3-59 所示介绍的是单向圆角的绘图方法，经常使用强调方形和圆形关系的方法。为保证 4 个圆角的透视比例相同，可以将外围长方形的对角线作为辅助线，绘制其中角度较小的圆角。

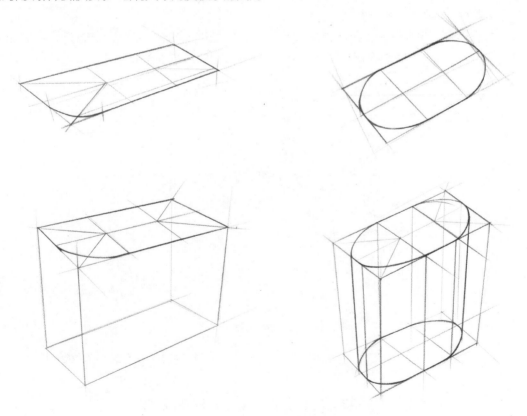

图 3-59　长方体中圆角练习步骤图

从烤面包机的效果图 3-60 中可以发现, 产品的外形存在很多复合的圆角。外形的边缘是些小圆角, 细节的部分有更小的圆角, 所有的过渡部分是由不同大小的复合圆角组成的。

图 3-60　烤面包机圆角范例

物体的暗面与暗面的反光更依赖于其表面的材质, 例如亚光和光滑材质的表面会呈现出截然不同的反射现象。这并没有一种绘制的通用方法, 但是暗面的过渡可以帮助理解圆角的绘制, 如图 3-61 所示。

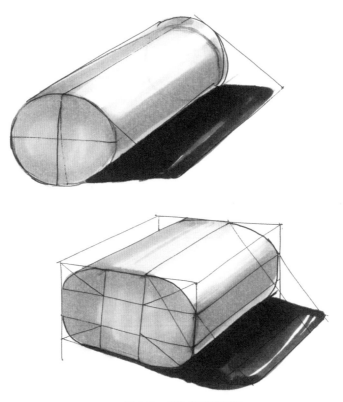

图 3-61　圆角的暗面过渡

2. 复合圆角

　　所谓复合圆角是指不同方向的圆角结合在一起，大部分产品的外形都含有复合圆角。有些复合圆角是由大小不同的单向圆角混合而成的。

　　如图 3-62 所示是由一个较大的单向圆角与两个较小的单向圆角组成的复合圆角，这种特殊复合圆角可以按照图示的方法理解和分析。下面介绍两种常用的圆角手绘方法。

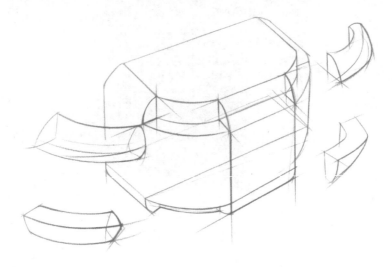

图 3-62　产品的复合圆角

(1) 减法原则

　　首先绘制物体大致的形状，然后不断削减，最终找到并画出圆角，如图 3-63 所示。这种方法的缺点在于圆角的部分会留下许多参考线，过多的线条会让画面看上去较暗，而在实际表达中，圆角的部分恰恰是画面中最亮的区域。为了回避这一问题，可以选择另外一种画法，即加法原则。

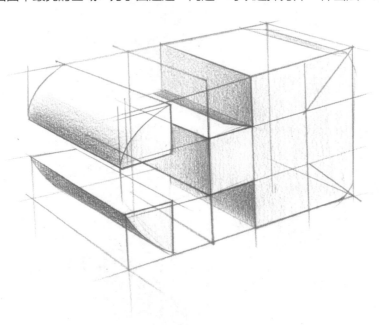

图 3-63　通过削减绘制圆角

(2) 加法原则

加法原则首先确定物体最大的圆角，然后逐步加上较小的圆角和细节部分的圆角。这样就可以尽量减少画面上多余的线。仅仅留下来用于确定物体大致形状的几条主要参考线，如图 3-64 所示。

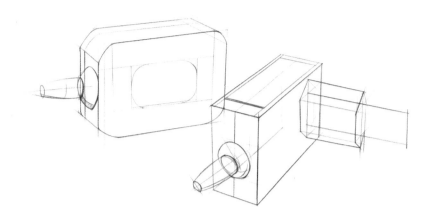

图 3-64　通过增加细节绘制圆角

尽管这些物体的形状看上去与之前的产品相差许多，但仍然可以运用前面介绍的方法来画出它们的圆角，以平面作为绘制草图的切入点，可以在某些关键的位置加入结构线来强调造型的变化，然后在平面上按照从大到小的顺序绘制圆角。实际上产品内部结构的加强线也起到了解释造型的作用，如图 3-65 所示。

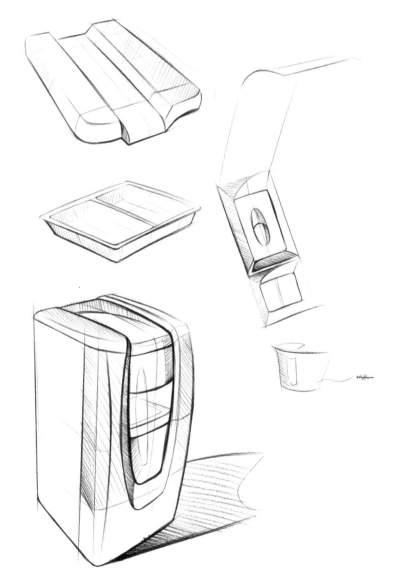

图 3-65　圆角产品的绘制过程

对于扁平产品的表现，可以把产品投下的阴影看成绘图的一部分，注意投影的表现也应该注意圆角细节的表达，如图 3-66 所示。

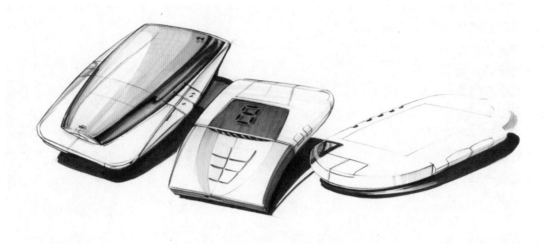

图 3-66　扁平圆角产品的画法

如果物体的圆角非常小，就不用特意地表现出来，绘画时可以用两条邻近的线条来概括，如图 3-67 所示。注意两条线之间的部分要比周围亮一些以表现圆角的反光。在下面这个例子中，产品看上去都比较扁平。因此建议将上表面作为绘画的重点。有时候产品表面的结构线和部件的接缝可以帮助强调并暗示出圆角微小的形状变化。

图 3-67　壳体产品上的圆角表现

《《第4章》》
产品色彩与材质表现

4.1 产品色彩的表现方式

4.1.1 色彩基础讲解

在设计中应用最广泛的色彩体系就是蒙赛尔体系。在这个体系中所有的颜色都可以通过 3 种特征来表示，即色相、明度、饱和度 (色彩纯度)。

色相一般就是指颜色的名称，例如橘红色、绿色等，图 4-1 所示为各种色相。从专业角度来说，色相是由颜色的波长所决定。蒙赛尔体系认为，即使是纯色，也可以与无彩色即黑、白、灰混合。

饱和度是指颜色的强度。高饱和度的颜色只包括纯色，而低饱和度的颜色则是纯色与灰色的混合，这里以红色为例，如图 4-2 所示。

明度表现了色彩与白色的混合程度，这里以红色为例，如图 4-3 所示。明度是由颜色受到光线影响的程度所决定的，它可以使颜色的混合更加生动。

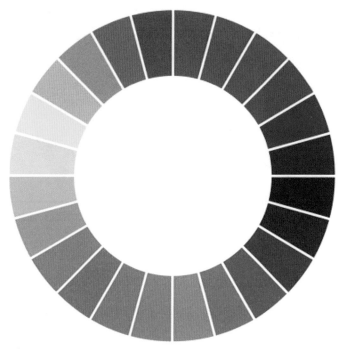

图 4-1 色相

图 4-2　饱和度变化——以红色为例

图 4-3　明度变化——以红色为例

　　在色环中，我们可以看到不同色相之间的关系。如图 4-4 所示，中间的 3 个四边形所指的是三原色，其他颜色都是通过两种原色混合而成的。色环中相对的两种颜色混合会变成灰色，例如红色和浅绿色。

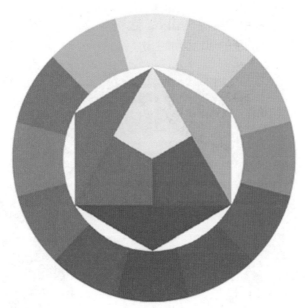

图 4-4　色环

　　很多图像编辑软件和绘图软件都使用这种方法来描述色彩。图 4-5 中展示的是表现色彩特征最典型的方法。右侧的矩形表示色相。左侧的矩形表现了某一种颜色的饱和度及明度，该矩形最右边顶点处的颜色是其饱和度最高时的状态。越接近左上面的顶点就表示在颜色中加入的白色越多。从矩形中任意位置平行地往左边移动，就会降低色彩的饱和度。越接近下面黑色的顶点，颜色会变得越暗，饱和度也就越低。

图 4-5　绘图软件中的颜色描述方式

　　在自然界中，颜色的纯度和对比度会随着距离的拉远而减弱。距离较近的颜色会比距离较远的颜色更偏暖色调。利用自然界的这种现象，可以在设计应用中表现立体感。这也说明了背景色应该使用纯度和对比度较低的颜色，同时背景色还应偏冷色调。

　　当我们使用马克笔对这样一个蓝色的物体进行明暗处理时（见图 4-6），左侧立面我们只使用了马克笔着色，所以此立面即为"纯色"面。这也就意味着它是色彩纯度（饱和度）最高的一个立面。而右侧立面则是先用灰色马克笔铺垫，然后再在上面使用彩色马克笔着色。这一面的色彩明度及饱和度都应该比较低。上表面应使用与马克笔相同颜色的色粉与纸张的白色或是单纯的马克笔排线来表现出过渡效果。上表面的颜色应比"纯色"面的明度更高一些。

图 4-6　物体不同面的明暗处理

4.1.2　不同背景的色彩表现

1. 彩色纸张背景

　　在第 2 章中主要阐述了传统的绘图材料，例如马克笔和彩色铅笔等在绘制草图过程中的一般用法。当然，纸张的选择也会在某些时候影响绘图效果、创造闪光点。

如果物体的颜色表现并不重要，那么便可以通过明暗处理有效地表现造型的空间感。使用纸张的白色作为物体的亮面，使用灰色或黑色的马克笔绘制投影，并进行明暗处理。

使用彩纸时，对于亮面和暗面的处理会有所不同。虽然阴影部分的处理是相同的，但是高光部分则需要使用白色铅笔来完成。而灰色部分会使画面的视觉效果看起来更加饱满，如图 4-7 所示。

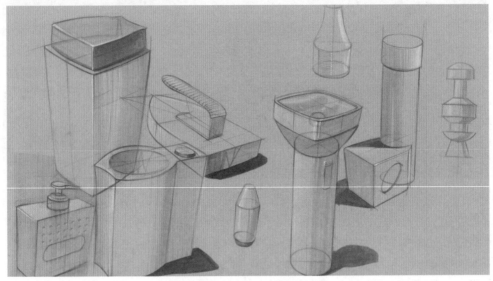

图 4-7　在彩纸上进行绘制的效果图

所以只要稍加处理，就可以使草图效果更丰富。作为一种绘图方法，有时候找出亮面的部分会比找出暗面的部分更容易。

如图 4-8 所示的草图就是在彩纸上进行的练习，并且其表现的效果更为自然。首先用签字笔绘制线稿。将产品的造型分解并简化为几何形体的组合，如圆柱体、立方体、曲面以及它们之间的过渡部分。细小的圆角可以忽略。例如，下面草图中的物体就分别被分解成了长方体和圆柱体的结合，正圆柱体与扁圆柱体之间的过渡，圆柱体、长方体与两者之间的过渡等形态。

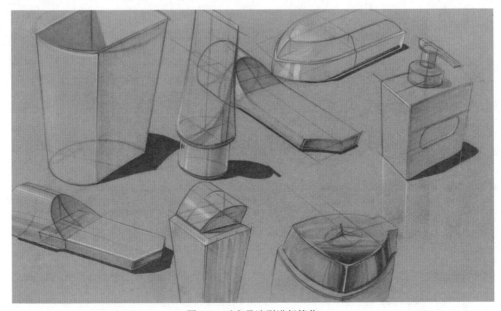

图 4-8　对产品造型进行简化

　　此外，不仅仅要简化产品的造型，还要调整物体色调的变化。尽可能只使用一支灰色马克笔，画出最少的阴影，并用灰色马克笔绘制投影。黑色铅笔也可以用来表现颜色的过渡。最后，再用白色铅笔绘制高光。这里需要特别注意高光的表现。

　　如果只用一种绘图材料如白色铅笔来画图，那么就需要通过线条的疏密来表现立体感，如图 4-9 所示。图中的底色较深，因此在绘制时使用不同疏密程度的排线来显示产品的亮面和灰面。在设计流程中，有时候线稿已经足以表现出设计创意。也可以因个人喜好而选择使用彩色铅笔来表现。当然，这也取决于设计创意。开始时线条要画得轻些，这样才能在最终成稿之前在同一张草图上修改设计创意。如果在白纸上绘图，要谨慎地选择彩色铅笔的颜色。例如，浅蓝色就不适合用来进行明暗处理、绘制阴影 (即使画很多层，浅蓝色也只能使色彩越来越亮，而不是越来越深)，这时则应使用深蓝色代替。同样，深红色和紫红色比橘红色更适合表现阴影部分。不要使用黄色，因为在白纸上它显得太亮了。这些关于如何使用彩色铅笔的注意事项同样也适用于在彩纸上绘图。

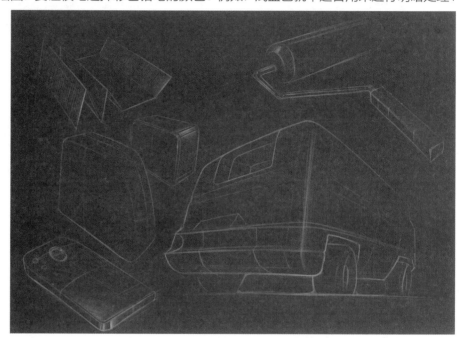

图 4-9　通过线条疏密来表现立体感

　　在图 4-10 中，只使用了黑色和白色铅笔，以及白色签字笔，同时还使用了灰色马克笔来表现产品的暗面。将这些灰色或白色巧妙地组合起来之后，就可以区分出暗面和亮面的材质。这就是材质表现的第一步。

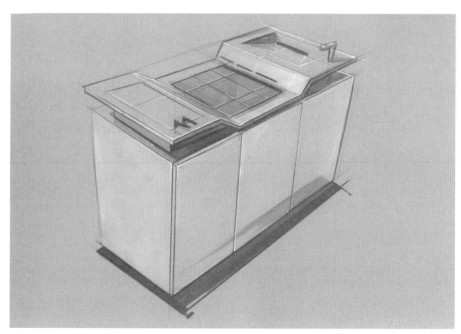

图 4-10　彩纸绘制产品时的材质表现

排线时有两个最重要的注意事项：第一，排线的方向必须沿着物体表面的走向。第二，使用层叠的方法，也就是说稍稍改变一下排线方向以迎合光线的走向，并排一组线条来表现阴影部分，如图 4-11 所示。

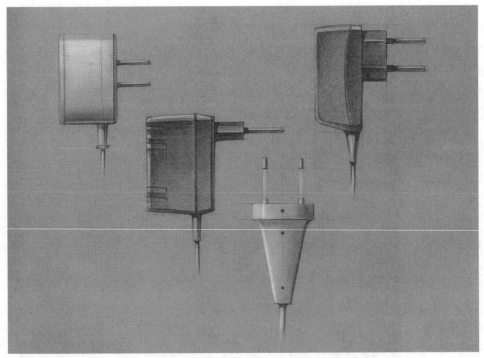

图 4-11　绘制草图时的排线方式

带有颜色倾向的绘图纸，在绘图时可以直接用来表现物体的颜色。与在白色背景上绘图相比，这会使绘图速度更快一些，如图 4-12 所示。

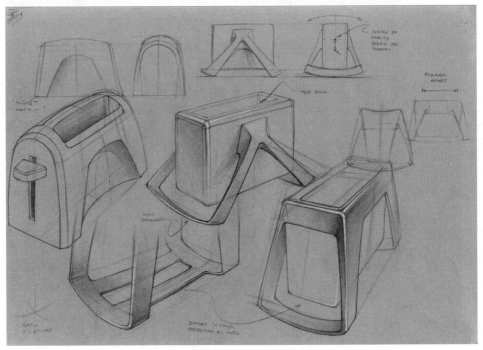

图 4-12　在彩色背景上绘制草图

在上面这些图中，我们几乎看不到马克笔对物体进行明暗处理和着色的痕迹。将画纸的颜色作为基础色，离观看者较近的部分使用偏暖色调的色粉或马克笔，可以使颜色更具饱和度。图中左侧立面是物体的"纯色"面，使用暖色会比冷色看起来离我们更近，这样就可以使草图更具立体感，同时也增加了色彩的丰富性，如图 4-13 所示。

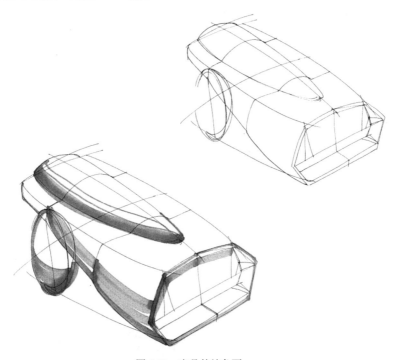

图 4-13　产品的纯色面

使用灰色马克笔来表现物体是一种非常好的绘图方法。物体暗面的部分可以使用灰色马克笔进行着色，同时还应注意如何运用这样强烈的对比使草图更具立体感，并将观看者的注意力从"错误"的线条中转移过来，如图 4-14 所示。

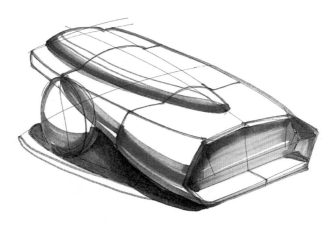

图 4-14　产品的暗面绘制

在这里彩色马克笔使用得非常少，主要用在蓝色的反光部分。如果使用色粉来添加物体颜色，需要一层一层地涂。要用大张柔软的纸，并使用较大的动作来涂色粉。注意亮面的部分是在上表面，需要在蓝色色粉中混入白色色粉。由于色粉的使用，之前用深色马克笔着色的地方已经变浅，使得整个设计图的对比变弱。这时就需要使用橡皮和深色马克笔恢复之前的对比度，如图 4-15 所示。

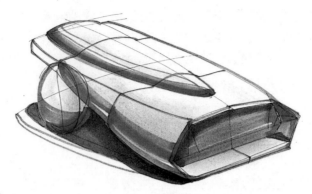

图 4-15　色粉的处理

　　最后一步就是使用白色铅笔或中性笔表现高光部分。这一步看似很简单，但却可以给设计图带来很大的影响。高光一般画在设计图中距离观看者较近的部分，通过加强前后的对比，表现物体的立体感，如图 4-16 所示。

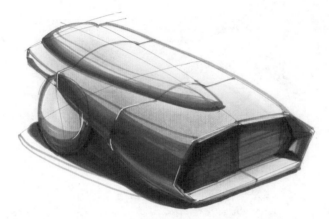

图 4-16　表现高光

　　在这些快速表现的草图中，可以使用灰色马克笔进行初始线稿的绘制。在前期分析物体造型时，这种方法有一个优势，就是不必在意过多的细节部分。这时的设计草图看起来很柔和。然后可以使用不同层数和梯度的色粉来着重表现主要造型，还可以使用黑色的签字笔和马克笔来加强画面的对比度，如图 4-17 所示。这里色粉的表现类似于电脑绘图中喷枪工具的效果。所以，在纸上完成灰色调和投影的着色后，还可以将它扫描进电脑，然后通过软件来完成后续的绘制。

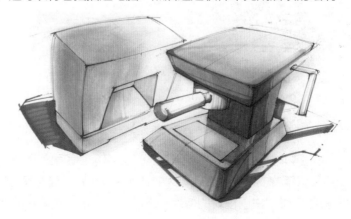

图 4-17　通过色粉和马克笔丰富产品造型

2. 图片背景

有很多方法可以为设计草图添加背景图片。最简单易懂的方法就是将图片当作设计图背景。这幅图片画在设计图后面的位置，背景图片与设计图之间的联系只能通过联想、色彩来完成，或通过形成表达情感和氛围的设计语言来完成，从而进一步改变设计图的视觉效果。

在设计效果图中增加背景图片通常用来固定物体的位置，使观察者的视线可以停留在产品上。因此图片的对比度要低，而且要使用冷色调的图片，将图片尽量弱化，这样才能保持效果图是视觉的中心点，如图 4-18 所示。

图 4-18 使用图片作为产品背景增加其立体感和真实感

3. 墙面背景

手绘表现技法中的背景也可以是现实生活中的墙体，利用马克笔绘制一面背景墙，让画面中的产品置于这面墙前。背景同样是为了突出平面中绘制产品的立体感，背景可以和投影并用，也可以单独使用。用马克笔绘制背景的要求是线条应该流畅，随意地进行排列。

4.2　产品材质的表现方式

4.2.1　木头材质的表现

对于木头材质，绘画的时候需要格外注意。除了木头的表面肌理和纹路外，还需要表现材质自身的特征。这些特征包括材质色彩的饱和度、色彩的明暗和对比、表面的反光强度和光泽度等，这些对于理解设计有着非常重要的意义。

木头材质一般用于表达原生态、自然、古朴、有一定文化气息的产品。在实际生活中，木头材质的产品一般情况下都是木头纹理，自然而细腻，而且木头材质的产品表面都会上一层油漆，和油漆结合可产生不同深浅、不同光泽的色彩效果。产品效果图表现中的木纹刻画要有一定的木纹特征表现：一，木纹中带有树结状线条可以以一个树结开头，沿树结做螺旋放射状线条，线条从头至尾不间断；二，细纹平缓状线条这种纹路弯曲折变而不失流畅性，木纹纹路排列有一定的疏密变化，并且节奏感很强，在木质产品表面纹路中，可以在适当的地方做不同韵律的纹路变化，以增强木纹的真实性。

由于生产工艺中有染色、油漆等工艺流程，木头材质的颜色可发生变化，市场上各种含木质材料的产品大多数颜色情况分为：偏黑褐色 (如核桃木、紫檀木)，一般高档音响等电子类产品会用到这种木纹颜色；偏枣红色 (如红木、柚木)，一般案台产品会用到这种颜色的木纹；偏黄褐色 (樟木、柚木)，一般各种家居产品会用到这种木纹颜色；偏乳白 (橡木、银杏木) 等颜色。

如果是木纹面积较大的产品，要表现其木纹材质，轮廓线可用直尺画出，然后向同一方向开始平涂，对同一大块的颜色可以做一些变化。例如部分木板颜色渐变加重、打破其单调感，让画面整体更加有变化，画带有转折面的木纹材质产品，底色也可提前留出部分高光。选择颜色较深的马克笔，例如棕色马克笔，用尖头部分画木纹。画出产品中木纹材质和其他材质交界线下边的深影，以加强立体感，再用直尺拉出由实渐虚的光影线，把整个木纹材质串联起来增强整体性，如图 4-19 所示。

图 4-19　绘制木纹面积较大的产品

如果是手工勾画产品中木纹材质外轮廓线，要注意木纹的变化是随着外轮廓线的变化而变化的，但不是所有木纹都是相同方向的，要适当画出变化起伏。如果是遇到带有弧度造型的产品，上底色时要注意半曲面体的反光、背光处的明暗深浅变化，如图 4-20 所示。

在马克笔颜色的基础上适当地刻画、点缀木纹中的树结纹理，加重明暗交界线和木纹材质下的阴影线，并衬出反光。如果遇到产品中有局部露出木头的情况，需要强调木头前端的弧形木纹，不过需要随原产品的各种造型起伏拉出边缘反光的光影线，这种手工绘制的木纹材质效果，刻画用笔除了选择粗犷、大方、大气的风格以外，还要使用精细刻画风格的用笔。

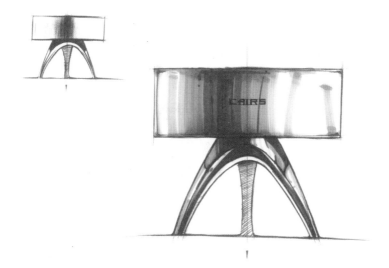

图 4-20　手工表现木纹材质

4.2.2　透明材质的表现

　　玻璃有很多易于识别的特征，我们可以在设计图中将其表现出来。首先，很明显它是透明的。在设计图中，这就意味着只要简单地画出其"后面"的物体，就可以表现出透明的特征。为了表现玻璃材质所特有的通透感觉，通常会选择比较简单的背景环境以突出玻璃的高光部分。透过玻璃看到的产品投影要比直接看到的投影颜色稍浅。此外通过观察具有弧度的玻璃物体，如玻璃杯，会发现透过玻璃杯所看到的物体投影出现变形，这就是所谓的折射。玻璃的另一个特征是反光，反光一般出现在玻璃材质比较厚的部分，一端会是黑色或白色的，如图 4-21 所示。

图 4-21　带有反光的玻璃杯

玻璃是晶莹剔透的，这就意味着在表现时高光要更亮。这时可以通过打造深色的背景来表现玻璃材质，增强高光的对比度。如果是使用白色背景，那么就要将玻璃反光和折射的特征画得更为强烈、夸张。如图 4-22 中，为表现玻璃的特征，将瓶体的大部分留白，并使用深色的马克笔和白色高光笔对瓶身反光的黑色部分和白色部分进行细致的刻画。

图 4-22　绘制玻璃瓶身

要绘制玻璃材质，首先使用黑色签字笔绘制线稿。你可以很随意地绘图，特别是在绘制下底面椭圆形的时候，要注意底面上大量的线在最后成稿中的样子。

用同一支签字笔描绘一些轮廓线，表现出材质的厚度，并在比较厚的玻璃部分画出黑色的反光，如图 4-23 所示。

图 4-23　绘制轮廓线

曲面或圆柱形玻璃产品会发生非常明显的折射现象,透过它们会看到扭曲的背景,特别是接近产品边缘的地方,折射现象更明显。同时,玻璃的边缘透明度也是最低的。越厚的玻璃透明度越低,反射和折射的现象就越明显,如图 4-24 所示。

图 4-24 根据玻璃特征深入刻画

玻璃上比较厚的部分会投射出投影。这种效果在绘图时应该被夸张地表现出来。透过玻璃可以看到投影部分,因此可用色粉涂上一层灰色。然后再通过多涂几层灰色来表现玻璃制品的影子。处理玻璃表面的单层时,色粉还可以被用来处理明暗关系和反光。注意,轮廓线周围的玻璃应该是完全不透明的,如图 4-25 所示。

图 4-25 使用马克笔表现质感

在丰富材质时，可以使用色粉来绘制反光和高光的部分。从理论上说，应该在前面使用较暖的颜色，在后面使用较冷的颜色，以便表现出物体的立体感。

但实际上，玻璃的反光和高光部分通常是通过将色粉"擦掉"来完成的，然后需要添加一些用白色铅笔和白色中性笔画的高光点即可完成绘图。

在彩纸上绘制可以更加突显玻璃的高光。使用白色色粉可以使玻璃制品从彩色背景中突显出来。

玻璃的透明质感可以通过绘制后面的物体将其表现出来。有时候，也可以使用周围环境中的物体反映透明质感。如图4-26和图4-27所示，通过绿色酒瓶的瓶身颜色、瓶口的红酒塞和透过车窗所观察到的汽车内饰来表现透明材质。有时候玻璃的透明质感也会被强烈的反光和高光所掩盖，特别是在一些反光很厉害的侧窗表面，这会妨碍玻璃透明质感的表现。在圆柱体造型的物体中，在弯曲度较大的部分常见到这种情况。

图4-26　通过前后对比突显玻璃的透明质感

图4-27　通过内饰突显玻璃质感

像车窗这种比较大的"平"面，当你垂直于这个表面观察它的时候，其透明特质能得到最好的体现。而如果你是从侧面观察，就会看到大量的反光和高光。首先汽车内饰只需要用黑色表现。然后再用粗的浅色喷枪或灰色马克笔将汽车内饰覆盖一遍，这样其中的一些颜色也可作为玻璃的颜色。最后再添加一些反光和高光。如图 4-28 所示，不仅近处的圆角可以看到明亮的反光，离观察者较远的左右两边也可看到一些反光。以上细节都是不能忽略的。

图 4-28　汽车中玻璃的反光

4.2.3　光滑与粗糙材质的表现

1. 光滑表面

光滑材质的表面反射会呈现一种光泽的质感。在真实环境中，这种反射的颜色是自身材料颜色与反射投影的混合，如图 4-29 所示。但在效果图 4-30 中，为了强调物体光滑的表面质感，通常不考虑投影的影响，而是用夸张的环境色代替。光滑表面的颜色渐变是从纯色过渡到白色。光滑的表面会有反光，而且反光的颜色也会和光滑表面的颜色相同，但光滑表面一般不会有投影。因此，效果图中光滑的材料要比实际情况看上去更加艳丽，对比度也更高。

图 4-29　具有光滑材质的产品

图 4-30　光滑材质表面的效果图表现

2. 粗糙表面

粗糙的材质表面几乎不反射周围的环境，而是通过颜色的渐变和暗面的过渡来表现的，例如橡胶和陶土等材质，具有这种材质的产品表面通常过渡均匀，高光部分也比较柔和或没有高光。粗糙的表面基本上不会出现反光，但是会出现投影，如图 4-31 所示。在图 4-32 所示的汽车内饰效果图中，由于汽车内饰多使用表面粗糙的布面或皮革面，因此内饰表面的过渡都很均匀，没有高光效果和高反光效果的出现，即使有阴影但也是均匀过渡出现的。

图 4-31　产品粗糙表面的质感

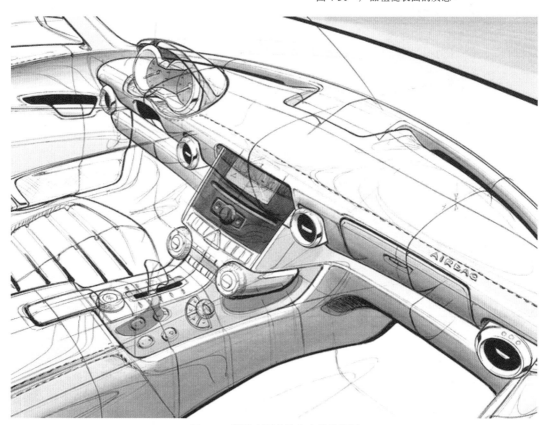

图 4-32　粗糙表面的汽车内饰效果图

皮革分为亚光效果的皮革和有光泽感效果的皮革，亚光皮革对比度较弱，只有最基本的明暗变化，没有什么高光，而有光泽感的皮革产生的高光也不会很亮，在画皮革材质产品的时候要注意明暗过渡，因为皮革本身质地是比较柔软的，所以明暗过渡得越柔和，这种柔软感就越容易体现出来，如图 4-33 所示。

图 4-33　皮革质感

　　一般情况下，皮革材质的产品没有什么尖锐的造型，通常靠厚度来体现，带有柔软感。在画皮革材质产品的效果时，需要体现出材质的柔软性。如图 4-34 所示是小型行李箱的效果图，行李箱上的大部分都使用的是皮革面料，在使用马克笔对皮革进行材质表现时，使用均匀的过渡方式，只在高光处做留白处理。

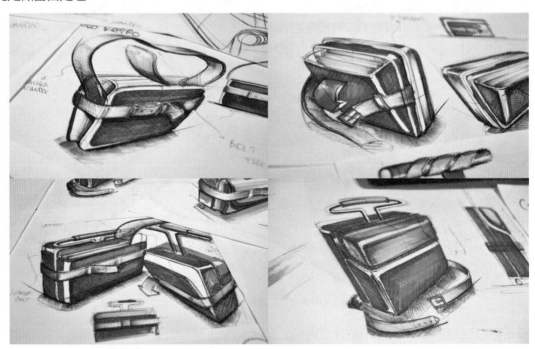

图 4-34　皮革手绘表现

3. 纹样表面

在一个简单的造型上添加肌理和纹样可以丰富产品的造型，同时也可以完全改变设计图给人的感觉。通过小小的改变，就可以使简单的造型显得更加真实。为主要造型着色之后，再开始添加产品表面的细节部分。在下面的示例中，会讲解在表面上添加这些小细节的步骤。

首先使用灰色的马克笔勾画轮廓并着色。然后使用黑色的签字笔绘制产品的细节部分和空白部分。其次是处理产品的明暗关系，将灰色马克笔与白色铅笔一起使用，表现物体的凹凸部分。以上这些操作只需一把尺子或者徒手就可以完成。较大的插孔可以结合黑色马克笔和白色彩铅来完成，如图 4-35 所示。

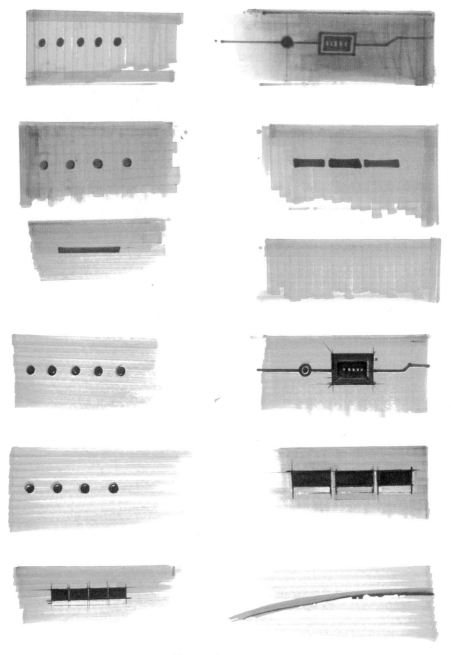

图 4-35 细节部分绘制

当然还可以通过一些软件来添加这些细节部分。例如可以通过电脑扫描添加一些纹样。这种方法一般用于将品牌的名称和标志添加到设计图中，将一些文字通过软件添加到产品上是非常简单的。

注意草图扫描后，白色纸张的颜色会变得有点暗。在保持所有线条原样的前提下，可以使用图像编辑软件提亮亮面部分。虽然电脑中的纹样效果丝毫不比手绘简单，但是手绘的方式对大部分的设计师来说更加自由。结合两者的优势就是将线稿画在纸上（这里用圆珠笔完成），然后再将其扫描进电脑完成后续的步骤。这样一来，手绘的颜色可以被保留，两种方法的优势也被有效地结合起来。

而产品表面的纹样多种多样，可以借助一些特殊工具进行绘制。例如图 4-36 中，使用高光笔绘制咖啡罐的标志，使产品在彩色背景纸上更具有真实感和立体感，更加吸引眼球。

例如图 4-37 中，在绘制汽车的进气格栅时，可以借助肌理板（如图 4-38）进行绘制，在绘制鞋子或手表等表面肌理时都可以借助这种方式。

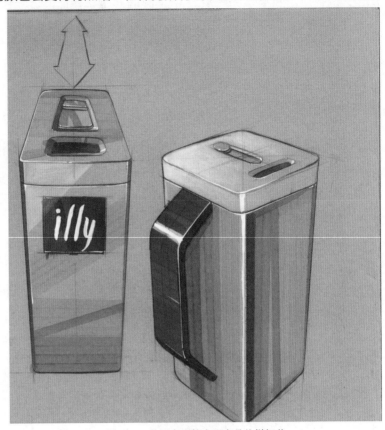

图 4-36　使用高光笔表现产品纹样细节

图 4-37　借助肌理板绘制的汽车进气格栅

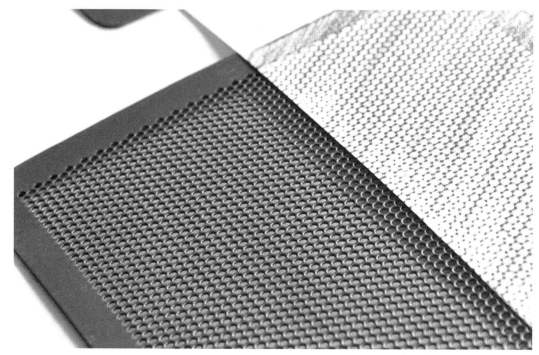

图 4-38　肌理板

4.2.4　金属材质的表现

非常光滑的金属（如铬）材质会完全反射出周围的物体。当这些金属表面是弯曲或是圆角时，这种反光就会变形，通常会呈对比强烈的黑白条状，如图 4-39 所示。如果是用于圆柱体的表面，这些条纹常常是纵向排列。

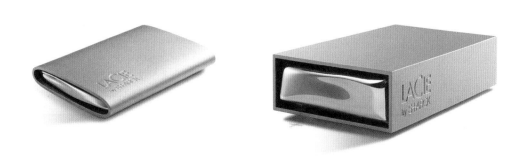

图 4-39　光滑表面的金属材质

从图 4-40 所示的金属材质实物图片中可看到，浴室中摆设的反光效果与产品效果图的样子有很大不同。如果是临摹，像这种反射图像应该被简化，并使用对比强烈的明暗关系进行处理，使其更具有空间感，如图 4-41 所示。例如，在直立的圆柱体造型上，将深色的反光画在一边，再将浅色的反光画在另一边。这样可以使设计图更具立体感。当在白纸上绘图时，这种黑白对比，特别是高光，会比画在彩色背景上的效果更好。因为这些彩色背景也会同时反射在金属上，最终影响设计图的效果。

图 4-40　场景图与效果图中产品反射的区别

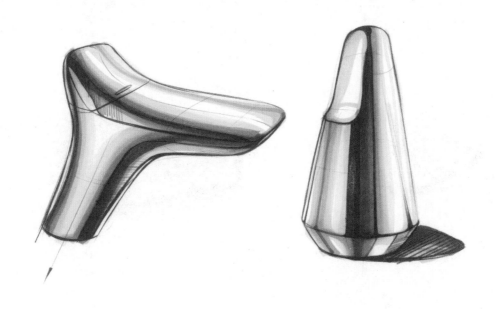

图 4-41　临摹图

金属材质大多坚实、光滑，为了表现其硬度，最好借助靠尺或者纯手绘快捷地拉出率直的笔触（如使用喷笔，也可利用垫高的靠尺稳定握笔手势）。对曲面、球面形状的用笔也要求下笔果断、流畅。反光的位置也是很重要的。这些变形的反光通常存在于圆柱体的边缘部分。

上表面加些蓝色，底部加些褐色，被称作"天空—地面"无边界效果，这可以增强空间感，同时也可以丰富观察者的色彩体验。如图 4-42 所示，这种效果如同将金属物体放置在只有天空和土地反光的沙漠中一样。曲面和圆角的金属反光通常是不规则的。在设计图中，我们会简化这些反光，使它们的造型不至于破坏物体的立体感。

在画图过程中，如果手边没有现成的物体，那么可以画一个假设的反光。天空的颜色代表高光，而想象中的环境色代表深色的反光。这些深色反光开始的部分可以用黑色马克笔绘制。然后再用白色色粉覆盖造型的所有部分。高光的位置则需要多涂几层。通过蓝色和赭石色来添加"天空—地面"无边界效果。

拉丝和磨砂的金属材质就不会出现这么强烈的对比和反光效果，所以敏感关系的处理就变得比较重要，如何正确地表现这种冷灰色也很重要。

正如我们先前所提到的，一旦涂上色粉，设计图的整体效果就会变弱。通过使用马克笔和签字笔描绘造型，就能恢复之前的效果，恢复设计图原本的视觉冲击力。记得不要全部都用签字笔勾线，应将阴影中的黑色和灰色部分区分开来，这样不仅可以丰富视觉效果，还可以使物体看起来更有真实感。最后使用白色铅笔、白色水彩或白色中性笔绘制高光部分。记得一定要小心处理这些白色的高光。

在图 4-42 这幅图中，金属的部分主要是平面，也没有环境色可以作为反光，所以应按照理论上的反光原理绘制。依然是使用天空的颜色绘制高光，并将视平线以下画上虚拟的环境色，以黑色来表现反光。

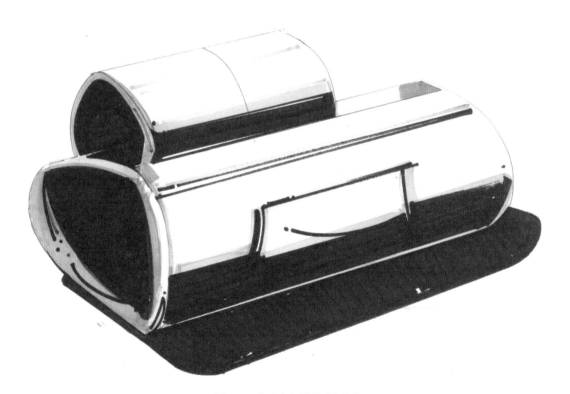

图 4-42　高反光金属质感的表现

　　表现金属质感的产品时，注意产品上的明暗过渡要柔和，在光源的照射下对比要强烈一些。在处理金属表面光泽度较强的产品时，要注意高光、反光和倒影的处理。画面中的笔触应该尽量平整，甚至可以借用尺规来表现。在表现其硬度时，最好借助靠尺或者纯手绘快捷地拉出率直的笔触。对曲面、球面形状的用笔也要求下笔果断、流畅。根据金属对比度的强弱又可以分为几类：亚光金属、电镀金属等。亚光金属的对比弱、反光弱，电镀金属材质的对比强烈、光泽感强，基本上完完全全地反射周边的环境物体。在效果图表现中，遇到电镀金属材质的产品，要将其周围的产品或场景反映在该材质上。

《第5章》
基本造型的光影基础

物体的投影最能体现画面的立体感，因为投影可以为画面创造一种视觉的深度，从而增加画面的真实感。除了物体本身的造型，投影还与光线入射的方向有直接的关系。如图 5-1 所示，4 把椅子的投影全都朝向同一方向，这是由光线的入射角度、入射方向和光源类型所决定的。

图 5-1　透过椅子照射出的投影

投影不但可以强调物体的造型，而且可以清晰地反映产品的结构以及产品与地面、背景之间的关系。投影看似非常复杂，其实对于大多数物体的投影造型都有相应的简化方法。圆柱体、立方体和球体是效果图中构建阴影时几个最常用、最基本的形态元素，如图 5-2 所示。

而物体与投影之间的线条同样起到强化产品立体感的作用。如图 5-3 所示，在手绘图中，物体连接阴影一侧的线条相对较粗，颜色也较重，这样可以清晰地体现出产品的边界线，并突出产品的立体感。而设计师一般习惯将物体的右下方作为阴影投射的方向。

图 5-2 圆柱体、立方体与球体的阴影基本形状

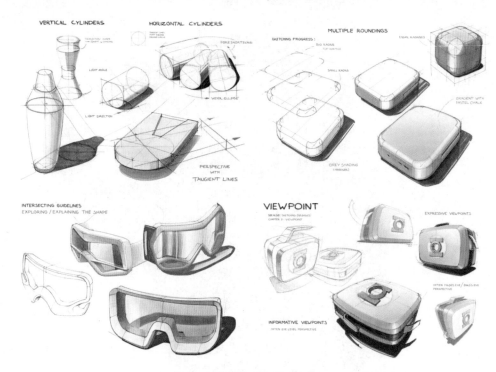

图 5-3 效果图中投影的基本样式

通常投射到地面的阴影比投射向墙面的阴影颜色深，这是从日常生活的经验中总结出的规律，因为房间地面的颜色通常比墙面的颜色深。有时候这两种投影的颜色可能不同，但两种颜色一定是相关的。在一幅效果图中，投影往往是画面中颜色最深的部分。

5.1 立方体

明暗关系通常用于表现物体的体积感，并使其可以融入环境。明暗关系是指在光源影响下，物体每一面的明暗差别。投影指的则是物体投射在平面上的影子。

一般情况下，平行光源 (阳光)(见图 5-4 左图) 会产生像实际生活中那样的投影，作为一种特殊的平行光，是极好的绘画光源，因为通过它投射到物体上所产生的阴影，通常可以凭借经验来确定其位置。我们平时生活中所见到的产品效果图表现大部分情况是以平行光源为假定光源，但是如果把光汇聚成一点向外发散，那么就会形成中心投影。中心投影是由同一点 (点光源) 发出的光线 (见图 5-4 右图) 形成的投影和平行投影是不一样的。中心投影的投影线交于一点，一个点光源把一个图形照射到桌面上，这个图形的影子就是他在这个桌面上的中心投影。这个桌面为投影面，各射线为投影线。空间中的图形经过中心投影后，直线的投影还是直线，但平行线的投影可能变成了垂直相交的直线，经过中心投影后的图形与原图形相比虽然改变较多，但直观性强，看起来与人的视觉效果一致，最像原来的物体，所以在绘制手绘效果图时经常使用这种方法，但在立体几何绘制中很少有人用中心投影原理来画图。如果一个平面图形所在的平面与投影面平行，那么中心投影后得到的投影图形与原图形也是平行的，并且中心投影后得到的投影图形与原图形相似，但是不相同，这是理想环境下出现的情况。而普通的室内照明所产生的阴影则会因光源的性质和位置不同而形成巨大的差别，不易判断，因此点光源 (灯光) 一般无法提供适合的投影。而且点光源所产生的投影形状与物品形状和灯光位置大小都有关系，更难想象其形状。相比之下，平行光源所形成的投影更容易想象，也更接近实际情况。

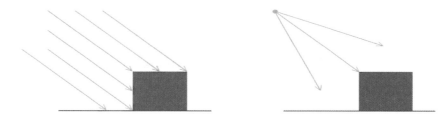

图 5-4　平行光源和中心投影

用两条线就可以表现光源的方向：实际光源的方向为"斜线" A，投影方向为 B。如图 5-5 所示，想象平行光源从立方体的 5 个顶点照射过来，就会产生一个光源照射角度的斜线 A 和稍稍偏向右上方的投影方向的斜线 B。图中所有实际光源的方向 (斜线 A) 都是平行的，而所有的投影都会向灭点方向逐渐聚拢。

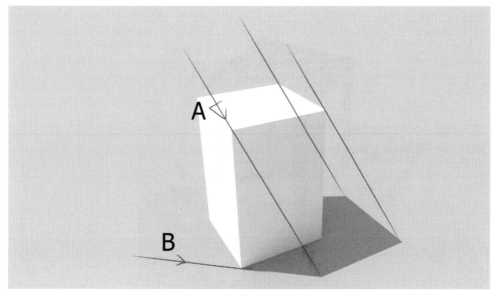

图 5-5　光源方向和投影方向

画投影的方法类似于将一个造型以正确的透视投射到平面上。投影和物体本身的透视要聚拢在同一个灭点上，如图 5-6 所示。水平方向的线条长度应与其在投影上的长度相同。我们可以运用上述的绘制方法准确地找到物体投影的位置。而图 5-6 中的光源方向是默认的自上而下照射，因此投影方向也是自上而下的，这种投影方式是手绘效果图中常用的阴影投射方式，常用于不贴合底面的物体上，可以表现出物体与地平面的距离感。

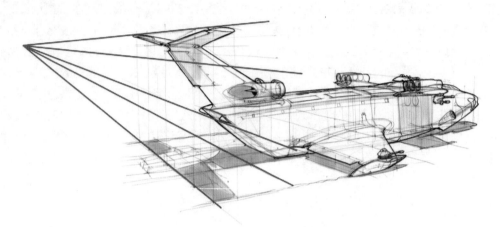

图 5-6　投影和物体本身的透视角度

如图 5-7 所示，镂空椅子的投影是根据灯光的入射角度与灯光的照射方向确定的。

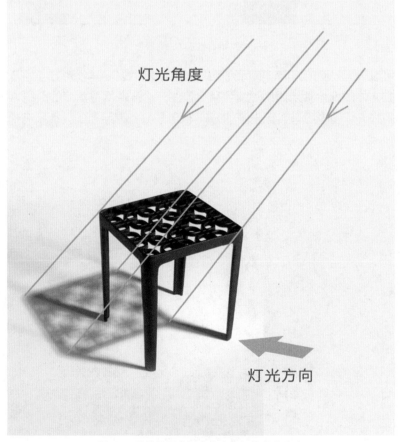

图 5-7　物体投影由灯光角度和灯光方向决定

在选择绘制效果图的光源角度时，如果选择面向你的光源，不仅会使物体前方全是投影部分，而且更重要的是无法表现物体的色彩和明暗关系。如果光源方向如图 5-8 所示，投影与物体的一个透视方向相同，会令人感到困惑。如果光源与地面角度太小，会使投影太长、面积太大。一般情况下，选择光源的方向是将物体最具特征的一面作为阴影部分，这样投影就可以间接表现出物体的造型。

图 5-8　投影与物体其中一个透视方向相同

　　而在进行阴影绘制的时候要选择适当的角度，既可以表现物体的造型，也要有合适的投影长度，这样就不会因为面积太大而占据太多空间。

　　绘制立方体的阴影时，光照的方向不仅为立方体创造了一种合适的明暗关系，而且给予了立方体合理的投影效果。任何一个基本几何形体的投影都有各自的特征，并且都应该符合下面两点：第一，投影应该具备足够的空间以突出物体的形状；第二，投影是用来衬托物体的，不要将其表现得过大而破坏了画面的层次感。

　　在分析立方体表面的明暗关系时，由于光的入射角度不同，物体表面的明暗关系也不同。在素描理论中，物体的侧光面不受光线直射，因此表面色彩的饱和度相对最高，通常叫作灰面。而物体的背光面不受光源照射，表面灰暗，因此叫作暗面。受光面受到光源直接照射，比侧光面亮，颜色也不如侧光面饱和，因此叫作亮面。

　　平行光投下的阴影被物体遮挡的部分可以运用几何原理来找到相对的位置。在绘制盒子内部的阴影时，盒子越深，光越不容易照射到里面，盒子内侧底面看起来很暗，但是可以通过几何原理来推算盒子中阴影的形状和位置。如图 5-9 左图所示，通过光的角度和方向可以推算阴影的形状和位置。投影还可以暗示物体与地面之间的距离。如图 5-9 右图所示，方块的投影并没有紧贴着地面而是相隔了一段距离。在绘制复杂形态的阴影时，可以采用根据经验估画的方式代替精确计算的方式，因为复杂形态的阴影不易精确计算，而且经过精确计算之后的阴影形态因其过于复杂会造成强过主体的视觉效果。有时你会发现室内灯光产生的投影要比太阳光的投影看上去大一些，这是由于光源和物体之间的距离不同导致的。另外，在效果图的阴影中加入一些反光会令画面看起来更加生动。

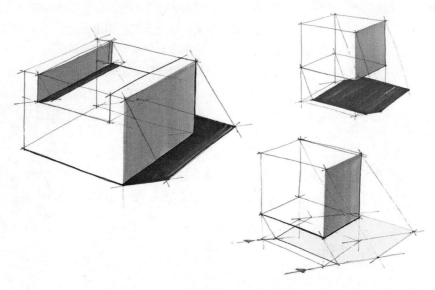

图 5-9　复杂形态和脱离底面的投影方式

对于比较窄的部分，投影只要将上表面或横截面的造型作为投影的造型即可。这种方法通常被称作假设投影或投影下移，如图 5-10 所示。使用这种方法画的投影既可以接近实际情况，又可以简化绘图过程、提高效率。但你仍需要以适当的方式来表现该投影。大部分情况下，应将物体其中一面的投影画得稍微大些，而不是使两边对称。

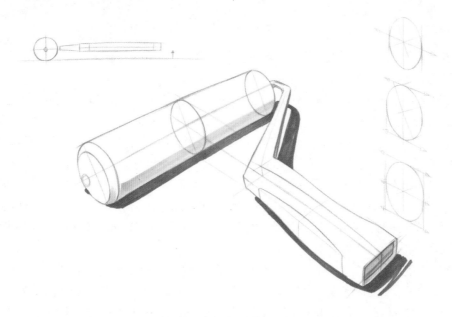

图 5-10　使用投影下移的方式绘制窄部分的投影

环境光并非光源，它是光照射到环境中的物体上并由物体反射而成的。由于环境光的影响，物体的投影会随着与物体之间距离的增大而逐渐减弱。依此规律，绘画的投影会增加画面的真实感。如图 5-11 所示，在 Joseph Walsh 设计的弯曲木雕的新系列中，以百合为基础样式进行了设计。木雕投射到地板上的阴影表现了其特殊的镂空结构，并且距离木雕较远的投影看上去相对模糊和黯淡，而距离木雕较近的投影看上去相对具体和清晰。

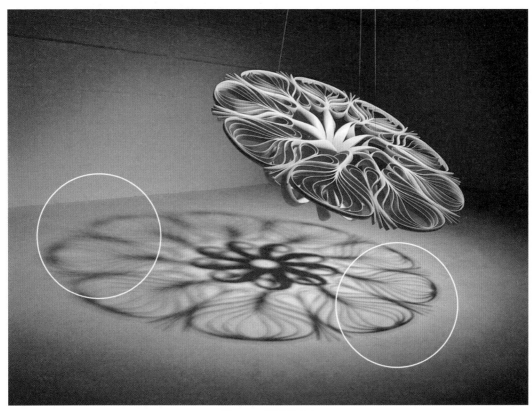

图 5-11 投影的虚实

5.2 圆柱体、圆锥体和球体

图 5-12 中的瓷器可以看作圆柱体、圆锥体和球体等形态的混合。对于造型相对完整的物体，同样可以利用分析和简化的方法将其分割成基本的集合形态。可以看出，图中瓷器的造型基本没有柔和的过渡，大部分都呈现出强烈的转折。而图中最左侧的近似于圆锥的瓷器与其右侧的圆柱部分相比，受到光的直射部分较多，亮面的区域较大。此外，4 个瓷器之间暗面的位置也不一样。

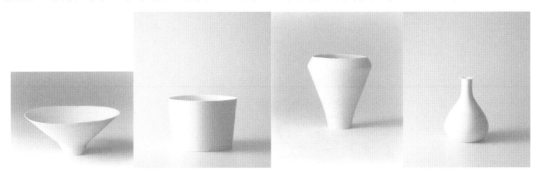

图 5-12 基本形态中的暗面

绘制类似圆柱形状的物体时，首先要确定一条穿过圆柱中心的轴线，叫作圆柱的轴心线，如图 5-13 所示。圆柱端面椭圆的长轴恰好垂直于这条轴心线。此外，轴心线的方向决定了观察的视角，直接影响物体在画面中的最终造型。

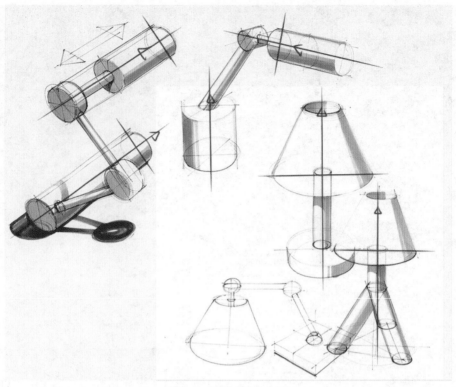

图 5-13　圆柱中的轴心线

　　表现圆柱体的投影是将上表面投射到水平面上，然后用两条表示光源方向的线条将圆柱体的底面切线连接起来，这是处理圆柱体明暗关系的开始。阴影颜色最深的地方并不在轮廓的边缘位置，而在"里面"，这是由于受到了环境反光的影响，这样可以更好地表现出弧形的特征，如图 5-14 所示。

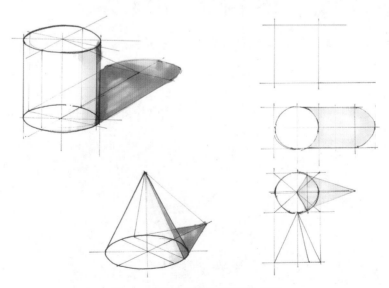

图 5-14　椭圆和圆锥的投影基本画法

　　圆柱体的投影由其外轮廓尤其是端面决定。在透视图中，因为存在透视关系，直立圆柱体的上下表面会有微小的差别，其投影也会随之产生微妙的变化。例如，图 5-15 中奶瓶的投影主要是通过奶瓶几个重要部位的横截面确定的。可以把这些横截面看成圆柱体的端面，受透视的影响，这些横截面所呈现的椭圆由下至上逐渐变扁。瓶身投下的阴影同样遵循透视规律，呈现出相同的变化。由于环境光和自身材质的影响，投影最深的地方不是影子中心，而是影子的边缘且靠近奶瓶的区域。

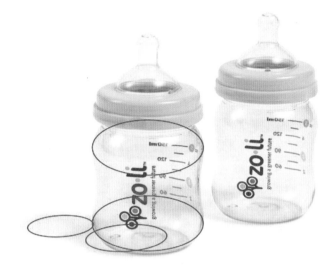

图 5-15　奶瓶及投影

　　一笔画出一个合适的椭圆并不容易。但是，可以尝试连续勾画椭圆，并在勾画的过程中不断校正。最后根据这些大致的曲线确定一个最合适的椭圆，并把线条逐渐加重。

　　圆柱体的端面垂直于其轴心线。因此，轴心线的方向决定了端面椭圆的透视关系。观察左边 3 个朝向不同方向的圆柱体，不难看出轴心线的方向与端面椭圆的关系是有规律可循的。

　　如图 5-16 所示是一个立式的台灯，对于类似摆放的产品，我们很难确定其投影的确切位置和大小。因此，可以运用转换的方法，先把台灯灯罩中的端面放到一个四边相切并且符合图中透视关系的平行四边形中，然后找到这个平行四边形大致的投影位置，最后把平行四边形的投影还原为椭圆，就得到了我们需要的投影和大小。

图 5-16　带有透视的圆柱的阴影绘制

在图 5-17 所示的水壶设计中，设计师首先绘制了一些基本的几何体作为造型的参考，然后用各种曲线丰富水壶的外形，尤其在壶口的部分尝试了更多的变化。而壶身的圆柱形就是根据上述的方法进行绘制的，在绘制出符合透视要求的壶身上的椭圆断面之后，其自身所产生的阴影就可以进行精确绘制了，这也是一种推敲产品造型的简单方法。在运用这种方法绘制大量的草图后，你会从中发现许多新颖的造型。

本章介绍的手绘方法应作为效果图绘制的基本知识来学习和掌握。实际上，手绘效果图并不需要十分精确的投影，依靠经验大致估画的投影足以满足设计的需要。如图 5-18 所示，连接的圆形纸片所投射的复杂的阴影可以根据几个相互连接的椭圆来构建。

总而言之，估画投影要比利用几何方法准确计算出投影的速度快得多，设计的效率也因此大大提高。

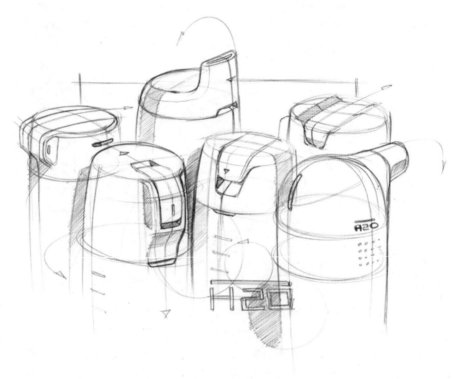

图 5-17　产品草图的基本投影绘制

图 5-18　圆形纸片与投影

《第6章》
产品设计效果图的表现种类与方法

⌄

6.1　爆炸图

　　为了更明确地表达产品的结构和装配关系，在绘制效果图时需要具体呈现每个结构装置的连接特点和结合方式，以便于评估设计的可行性，手绘产品效果图中的爆炸图能充分体现上述要求。

　　爆炸图主要用来揭示内部零件与外壳各部分之间的关系，通常可以作为工程与结构设计的参考，用来探讨装配时可能遇到的各种潜在问题。产品的每个部分被分解后按照一定的逻辑展示，这种逻辑与装配过程有紧密的关系。将各部件适当重叠排列，再加上必要的参考线，会使各部件之间的关系更紧密，既整体又统一。如图 6-1 所示是一款产品真实的爆炸图渲染效果。

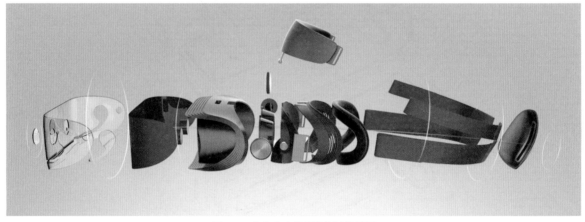

图 6-1　产品真实的爆炸图渲染效果

1. 爆炸图绘制

　　绘制基本的结构部件爆炸图，不必清楚地绘制出内部结构和专业部件，但是可以将产品分为几个基本部件来绘制。爆炸图主要用来表示产品内部零件与外壳之间的关系，通常作为结构设计的参考而非结构设计本身。

　　产品的每个部件被分解之后，应按照一定的顺序进行绘制，这种顺序与产品部件的装配过程相同。将各个部件按照顺序排列，会使产品爆炸部件间的关系明确，浅显易懂。

　　透视过于强烈的视角会引起产品某些部分扭曲而造成识别障碍，因此要特别注意根据组件的多少来选择最合适的视角。如图 6-2 所示选择了从上往下的视角利用竖向排列的方式展现产品层次。

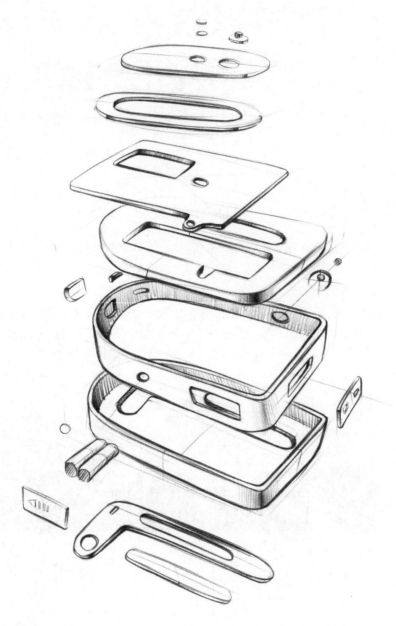

图 6-2　产品爆炸图

2. 爆炸图中重叠与参考线的运用

　　爆炸图中重叠的运用是一种比较实用的方法，可以用于确定产品与产品之间的位置。

　　同样，使用参考线有助于理解各部分之间的关系。如果爆炸图中没有任何重叠和参考线，仅仅依靠物体之间的距离很难判断它们之间的位置关系。产品各部分之间的距离以及重叠关系，必须与画面的层次和所要展现的产品信息一起考虑，如图 6-3 所示是照相机的爆炸图绘制，在主体物和小按钮之间都分别绘制了方向不同的参考线，更能说明不同部分的关系。

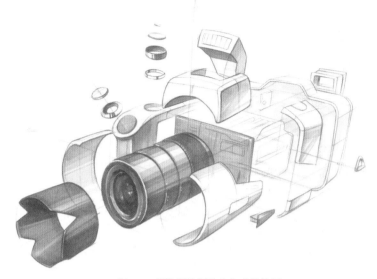

图 6-3 相机爆炸图结合参考线绘制

6.2 剖视图

为了展示物体的内部结构或揭露某些被挡住的信息，一种方法就是把产品剖开，拿掉遮挡的部分，露出所要表现的细节产品的横截面，例如汽车发动机的效果图就常使用这种方法来展现其内部复杂、精密的结构，如图 6-4 所示。

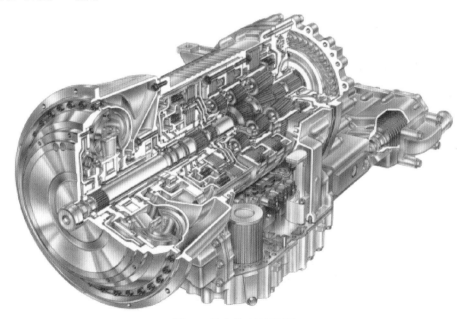

图 6-4 汽车发动机剖视图

下面的例子是一些最常见的剖视图画法。如图 6-5 所示是淋浴产品隐藏管道剖视图，剖视图为设计提供了足够的信息来理解内部结构的层次关系，能有效帮助设计师与那些不善于阅读效果图的客户进行交流和沟通。

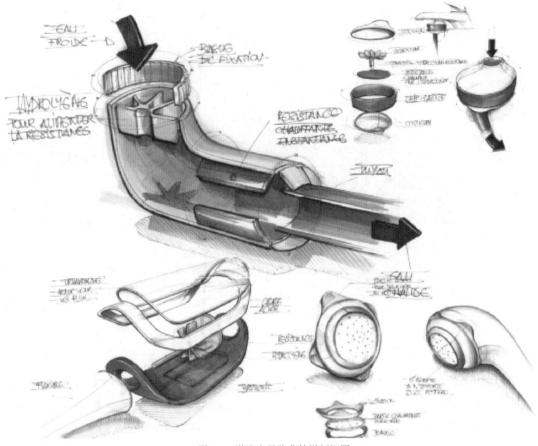

图 6-5　淋浴产品隐藏管道剖视图

　　当以剖视图为基础绘制草图时，应从最大的平面或横截面开始，这样有助于保持造型的对称性。任何立体造型都可以看作体的组合，也可以看作面的叠加。手绘中最常见的叠加平面式物体的剖视图的绘制有点像数学里的微积分原理。横截面可以用来构建物体，同时也决定了物体造型的过渡，如图 6-6 所示。

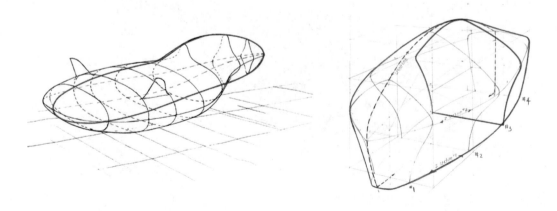

图 6-6　产品剖视截面的选择

如图 6-7 所示是复杂的汽车发动机模型的局部剖视图。

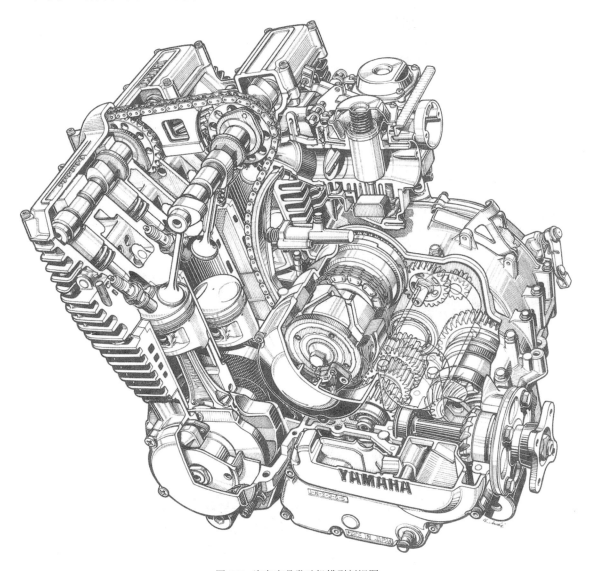

图 6-7　汽车产品发动机模型剖视图

6.3　半透视图

与剖视图类似，半透视图也是一种展示产品内部的手绘方法。不同的是，采用半透视图不但可以看到产品的全部或部分内部结构，同时也能够完整展示产品外观的形状。产品内部零件和外壳造型之间的关系可以直接通过这种方法明确地呈现出来。半透视图通常用在产品外观的再设计项目中。如图 6-8 所示是一款跑车外观的设计项目，在发动机内部结构绘制中结合了半透视图的表现技法。在保持内部零件和结构不变的情况下，只改变外壳的造型和材料就可以有效地节省开发成本。图 6-9 所示是一款小型的移动 U 盘的半透视图绘制，了解内部结构，可以更好地了解外观设计的限制。

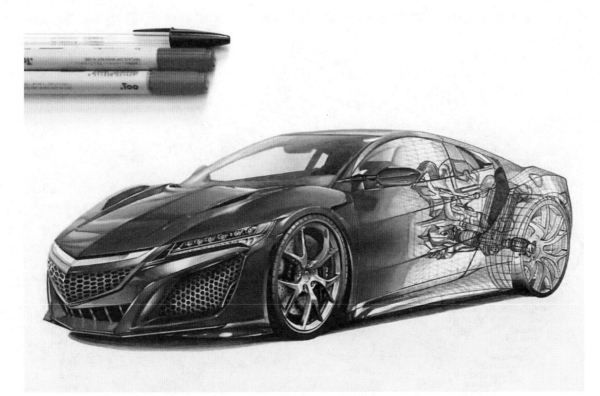

图 6-8 跑车外观的半透视图

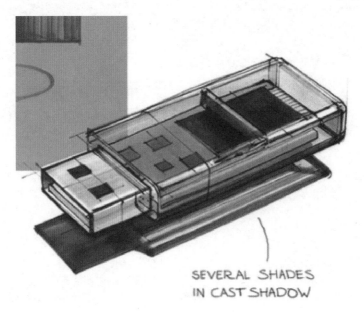

图 6-9 移动 U 盘的半透视图

6.4 流程图

大多数产品不是孤立的，很多产品会附带一些配件，例如插头、数据线、功能底座等。这些配件也属于这个产品的一部分，所以除了绘制产品本身之外，还需要对它的系统部件进行绘制，确保所绘制产品的完整性，让观者进一步了解产品的功能、使用方式和环境，产品流程图的绘制也系统地包含了产品的配件。

1. 流程图分类

有两种不同的流程图，一种是运用一系列连续的图画描绘一个流程，目的在于交代产品的使用方法和组装过程，例如家具类产品的说明书就是这一种，往往这些家具是分部件包装的，需要消费者按照特定顺序自行组装。另一种流程图没有严格的顺序规定，而更多强调一组部件的位置关系。这种流程图多出现在产品的用户手册中，例如指导消费者如何组装电脑的流程图。

2. 流程图绘制要求

绘制流程图时需要深入研究消费者，尤其是消费者在不同文化背景下理解事物的逻辑，因此最好运用国际通用的视觉符号和语言设计一个完整清晰的说明过程，这可能不是一两张流程图就能表达清楚的。

操作过程决定了流程图的数量和绘画方法。流程图的根本目的在于尽可能传达一种合乎逻辑的操作顺序。

流程图中描绘的操作步骤应符合人的行为逻辑，并且容易阅读和理解。每个步骤的草图可采用不同的表现形式，如细节特写、动作分解以及象征书法等。如图 6-10 至图 6-12 所示的流程图中，所表达的操作过程应简洁流畅，否则容易产生歧义。此外，还要特别注意产品的尺度和视角的关系。

图 6-10　流程图范例 1

图 6-11 流程图范例 2

图 6-12 流程图范例 3

6.5　使用场景图

6.5.1　场景图绘制

　　产品手绘场景图能够更好地用来展示产品信息。设计师与设计师、设计师与工程师、设计师与客户之间都需要用手绘场景图来构图产品使用情景。所以产品手绘效果图应该适当地表现一些情境，而这些场景图包括展示产品的使用方式、产品的操作界面以及产品的基本内部结构关系等作用。如图 6-13 所示展现了产品的使用方式。

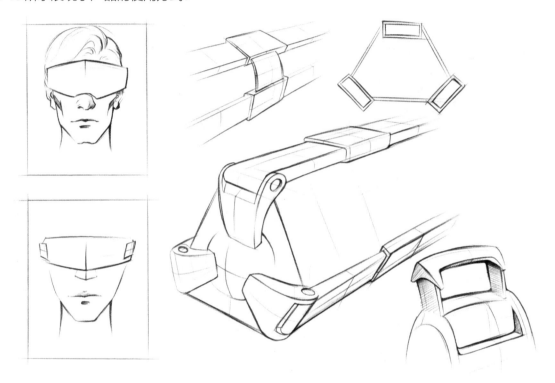

图 6-13　产品的使用方式

　　产品的使用方式是产品设计的一个重要部分，手绘效果图不仅需要表现产品的外形，还需要将产品的使用方法、环境、功能也传达出来。在手绘效果图中适当地附以产品使用方法，对他人理解此产品的设计创意非常有帮助，甚至某些产品只需要简单地绘制产品使用方法示意图即可起到传达设计创意的作用。

　　场景图绘制要求如下。

- 绘制使用方法时需要注意真实产品的比例，适当配合绘制手持操作示意图或卡通人物，力求体现现实中的使用场景。
- 以箭头等符号表现使用中的动作。
- 保证画面的主次关系以产品效果图为主，使用方法为辅。
- 适当地书写设计说明和操作说明。

如图 6-14 所示是一款户外产品使用场景，结合了手部和手机绘制，体现了产品智能化倾向。如图 6-15 所示，把产品的多角度透视作为画面的重点，有利于区分画面的主次关系和饱满构图，将与人物结合的使用场景放在左下角。

图 6-14　户外产品使用场景绘制

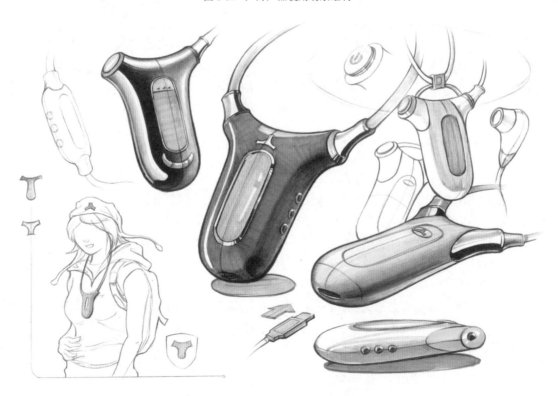

图 6-15　产品多角度使用场景

6.5.2 手部绘制

　　绘制手持设备的产品场景图时，通常避不开人体手部的描摹，在描绘人体手部的时候，所使用的底图应该包含手部的各种动作。仅仅表现手部造型是不够的，还需要表现出手在持物时的各种姿势——捏、抓、用力地握和轻轻地握等，这些姿势可以通过手部的动作表现出来，如图 6-16 所示。

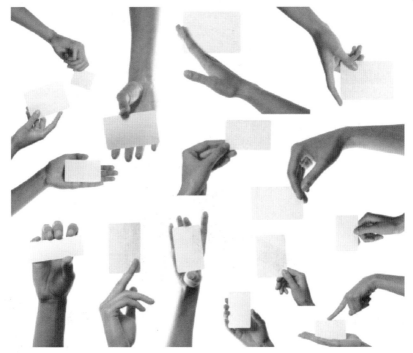

图 6-16　多姿势手部图片

　　有时我们还需要将手部造型与产品一起绘制在设计图上，如图 6-17 所示。当在研究如何表现物体造型的时候，也应该特别关注使用者的反应，以及手部和产品之间的互动。如图 6-18 所示，这个案例在表现按下按钮这个动作的同时，设计师还应解决人体工学的问题，例如穿戴的方式、左右手的设置以及物体的尺寸等。所以，如果草图中只绘有产品则就无法解释这些问题了。

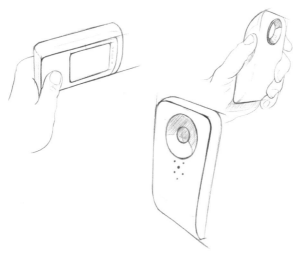

图 6-17　手部造型结合产品绘制

图 6-18　手在产品效果图中的配合表现

可以描摹手部造型作为底图，也可以将手部和产品的造型同时完成，以确保手部和产品的绘制方式是相同的。

此外，应在绘制产品的主体部分时，确定正确的透视关系，然后再将产品和手部的线条加粗。使用反光和投影来完善手部以及产品的造型。

手部的明暗不要表现过多，否则会吸引太多注意力，如图6-19 所示，手部的刻画显得略不自然和复杂。比较推荐如图6-20 所示的产品与手部结合的效果，手部的绘制不至于过于强调，能够更好地突出产品效果。

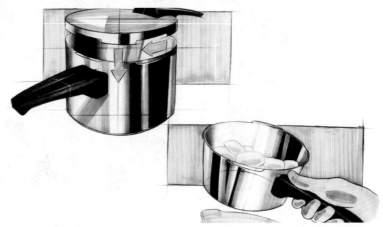

图 6-19　手部着色不宜过重

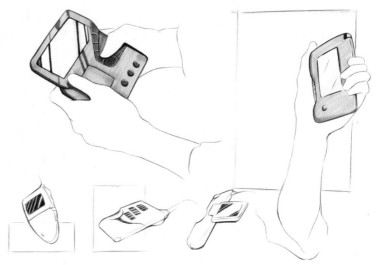

图 6-20　手在产品效果图中的配合表现

6.5.3 人体绘制

配合产品场景绘制人体效果时，人体姿势的选择非常重要，但有时候很难找到一张合适的图片。然而一个简单的方法就是使用自己的照片作为底图，如图 6-21 就有一些真实的人体照片描摹轮廓的绘制方法。在这个例子中，设计师需要表现出人体与助行车的关系，其目的在于展示产品的尺寸，以及表现产品细节是否符合人体工学。这时可模拟出人体与类似物体造型之间的关系。这个模型只是用来模拟透视和体积，而且这时还要花费很多时间来确定人体的动作是否自然，因为相同的动作并不是在任何图中都适合。

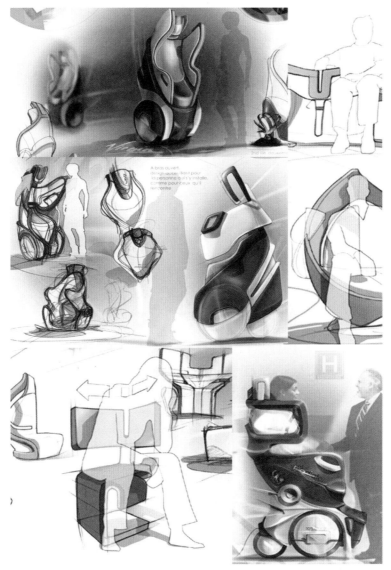

图 6-21　配合产品场景绘制人体效果

将产品和人体造型结合起来可以解决很多问题。在人体造型的帮助下，细节的层次可以很容易地被看到，观察者也能很容易地想象出产品该如何使用。当人体造型与产品结合起来时，需要使用相同的手绘风格来表现这两个造型，还要保证它们的视角相同，如图 6-22 所示，产品使用效果与人的透视角度一致。需要多加练习才能掌握好人体造型中细节层次的描绘，以便保持整体草图的平衡感。如果为人体造型添加太多细节，会使设计图的表现不够鲜明，或分散人们对产品创意的注意力。草图的重点还是应该在产品设计的表现上，人体造型只是为了使创意表现得更加清晰。

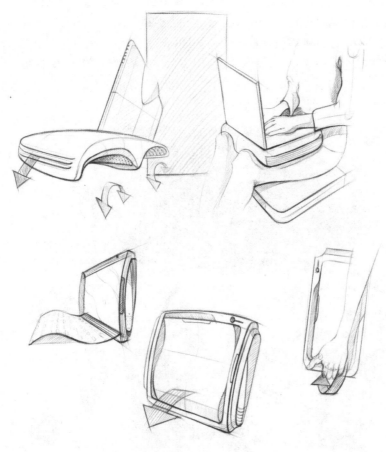

图 6-22　产品和人体造型结合

　　与其他的造型不同，人体造型总是很直接地表现出来。虽然这里只画了人体的比例，如图 6-23 和图 6-24 所示，但设计师已经清楚地表现出目标用户的类型，人物形象的穿着和结合产品使用的场景配合得非常恰当。

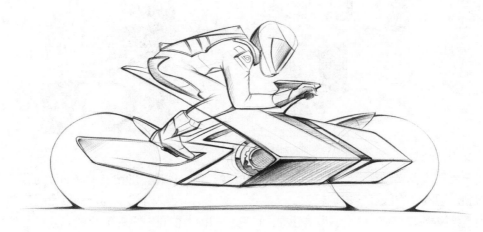

图 6-23　配合人体比例的产品场景表现 1

图 6-24　配合人体比例的产品场景表现 2

图 6-25 中的人物很明显地吸引了我们的注意力，而产品则在很大程度上是通过颜色来突出体现的。在这个例子中，产品的造型并不重要，也没有很清晰地刻画出来。因为这并不是这幅设计图的目的所在，而是着重表现了这个创意在变成产品之后的使用场景。

图 6-25　绘制弱化产品造型的场景图

图 6-26 是目标用户在使用产品时的互动形式。背景图片也表现出这些互动发生的场所和目标用户的感受。从这些设计图中还可以看到产品在实际生活中的状态，比较适合用于向此产品领域以外的人们汇报、讨论、展示的设计创意。

图 6-26　用背景氛围表现产品使用场所

　　尽可能地加入产品细节说明是非常重要的，如图 6-27 表现了产品的文字说明和结构说明。在这个设计阶段，所有的创意都还在设计师的脑中，我们需要用这些设计图进行沟通。在设计图中表现出的内容越多，更多可以激发出的讨论就越多。完成最终方案时，设计图还可以通过用户与产品之间的互动，为设计过程提供内容。

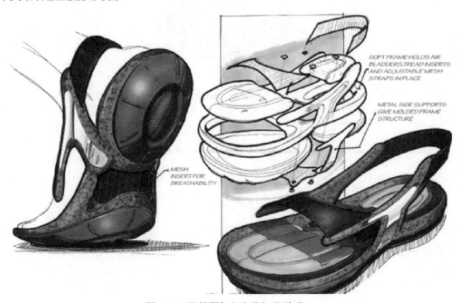

图 6-27　场景图加入产品细节说明

《第7章》
优秀作品欣赏与解析

7.1　快题效果赏析

如图 7-1 至图 7-10 为部分优秀的学生作品。

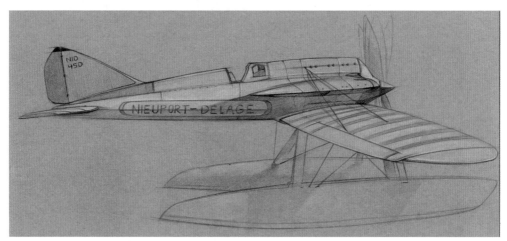

图 7-1　学生作品 1

图 7-2　学生作品 2

图 7-3　学生作品 3

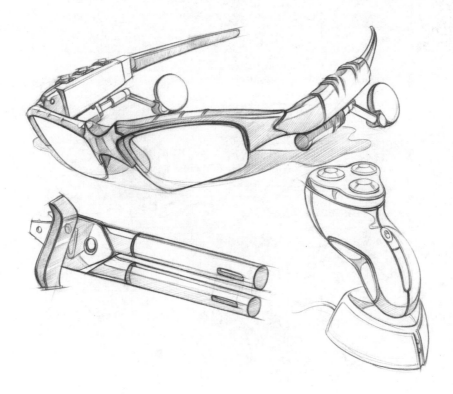

图 7-4　学生作品 4

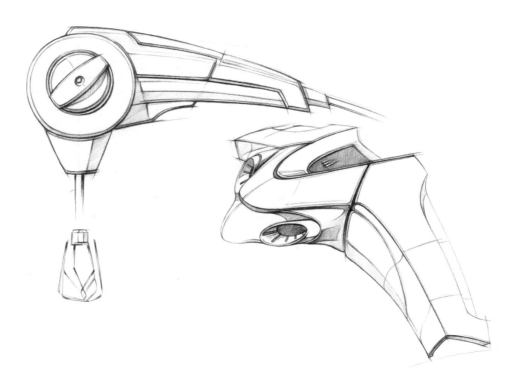

图 7-5　学生作品 5

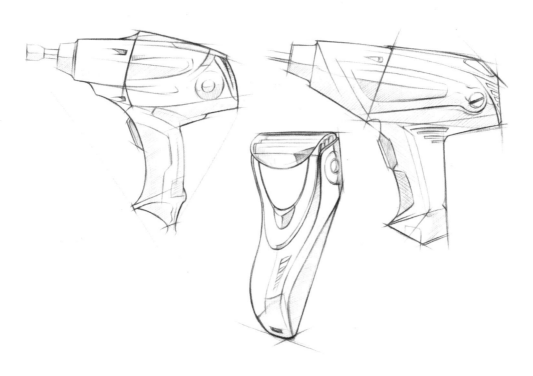

图 7-6　学生作品 6

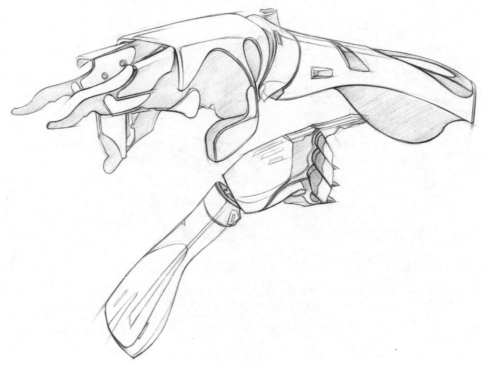

图 7-7　学生作品 7

图 7-8　学生作品 8

图 7-9 学生作品 9

图 7-10 学生作品 10

7.2　国外经典效果图解析

　　来自巴西坎皮纳斯的设计师 Adonis Alcici，年龄 22 岁，从事插画和设计行业。他的马克笔手绘技法非常娴熟。如图 7-11 至图 7-20 所示为其作品。

图 7-11　设计师 Adonis Alcici 作品赏析 1

图 7-12　设计师 Adonis Alcici 作品赏析 2

图 7-13　设计师 Adonis Alcici 作品赏析 3

图 7-14　设计师 Adonis Alcici 作品赏析 4

图 7-15　设计师 Adonis Alcici 作品赏析 5

图 7-16　设计师 Adonis Alcici 作品赏析 6

图 7-17　设计师 Adonis Alcici 作品赏析 7

图 7-18　设计师 Adonis Alcici 作品赏析 8

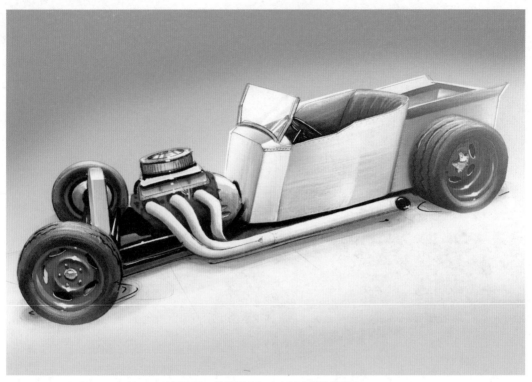

图 7-19　设计师 Adonis Alcici 作品赏析 9

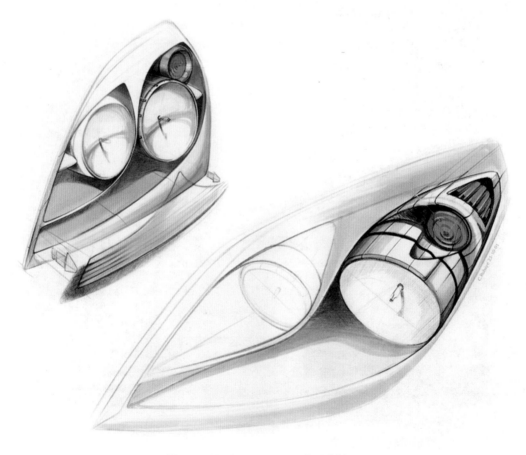

图 7-20　设计师 Adonis Alcici 作品赏析 10

在企业和设计师交流阶段，快速表现产品效果图的能力是需要掌握的一项重要技能，在快速表现中，要多角度展现产品的设计创意。与此同时，在产品设计的前期阶段，需要尽可能多地发散思维，手绘的过程能够启发头脑的灵感，几条看似随意的线条，有可能给设计师带来新的启发，如图 7-21 至图 7-24 所示，是一些前期创意阶段的效果图赏析。

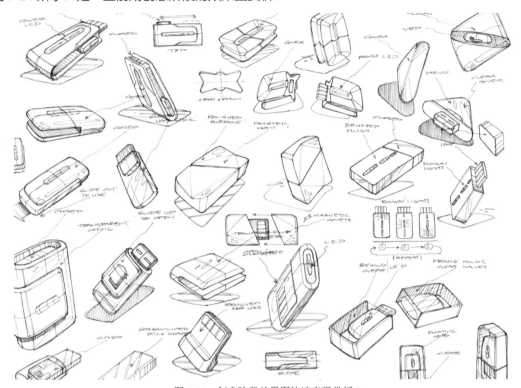

图 7-21　创意阶段效果图快速表现赏析 1

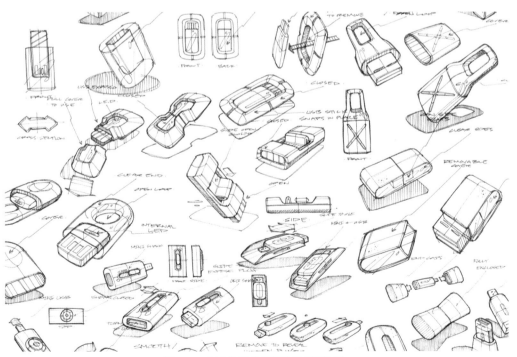

图 7-22　创意阶段效果图快速表现赏析 2

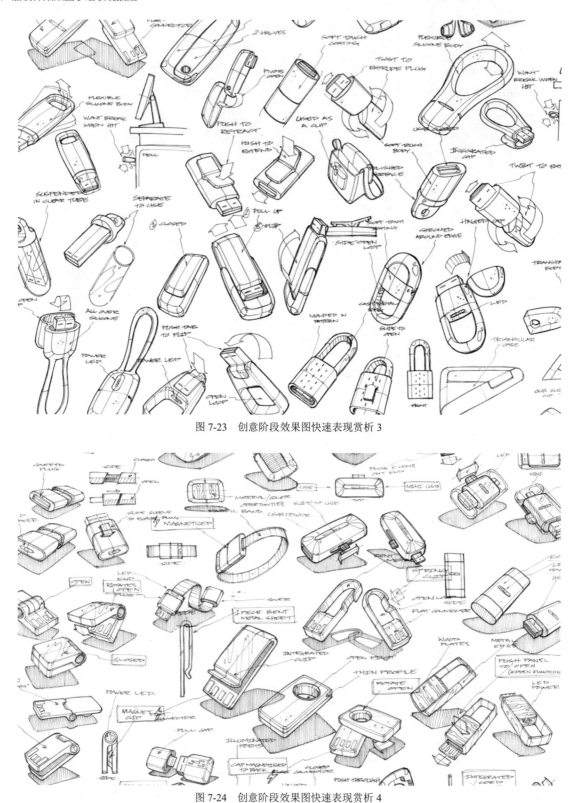

图 7-23　创意阶段效果图快速表现赏析 3

图 7-24　创意阶段效果图快速表现赏析 4

　　来自俄罗斯的汽车设计师 Vladimir Schitt 现居住在莫斯科，他的汽车产品效果图表现手法多样，效果出色。如图 7-25 至图 7-28 是水彩系列表现，图 7-29 至图 7-31 是汽车线稿排版，图 7-32 和图 7-33 是底色高光画法，图 7-34 和图 7-35 是汽车水彩笔线条画法。

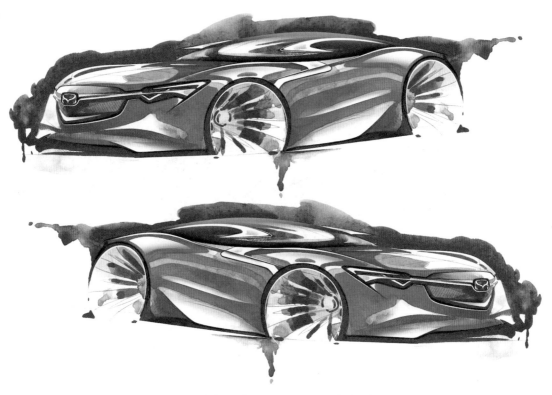

图 7-25 汽车设计师 Vladimir Schitt 水彩系列表现 1

图 7-26 汽车设计师 Vladimir Schitt 水彩系列表现 2

图 7-27　汽车设计师 Vladimir Schitt 水彩系列表现 3

图 7-28　汽车设计师 Vladimir Schitt 水彩系列表现 4

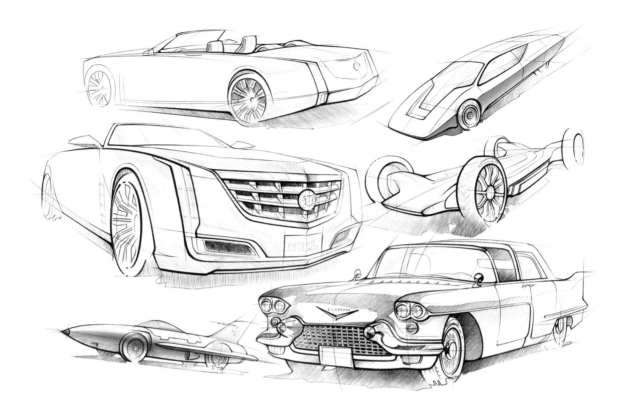

图 7-29 汽车设计师 Vladimir Schitt 线稿系列表现 1

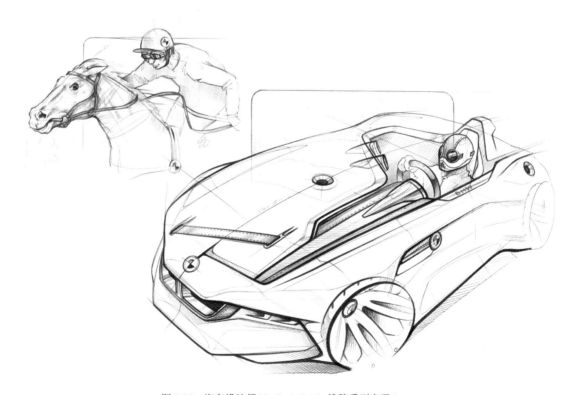

图 7-30 汽车设计师 Vladimir Schitt 线稿系列表现 2

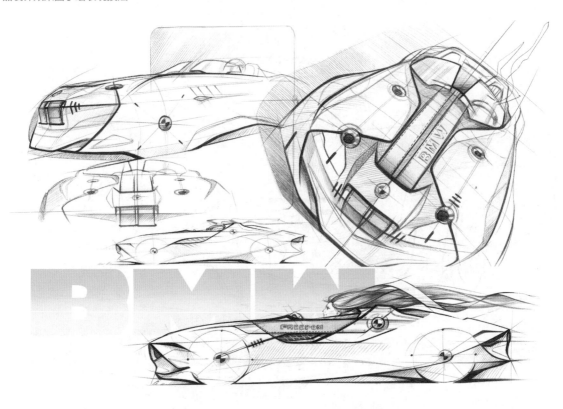

图 7-31　汽车设计师 Vladimir Schitt 线稿系列表现 3

图 7-32　汽车设计师 Vladimir Schitt 底色高光系列表现 1

图 7-33　汽车设计师 Vladimir Schitt 底色高光系列表现 2

图 7-34　汽车设计师 Vladimir Schitt 水彩笔线条系列表现 1

图 7-35   汽车设计师 Vladimir Schitt 水彩笔线条系列表现 2

美国产品设计师 Reid Schlegel 是一位来自纽约创意设计公司 Frog Design 的产品设计师，Schlegel 在其 Instagram 上发布了许多日常绘制的草图，看上去非常精致、写实，尤其是对质感的把握。图 7-36 至图 7-40 所示为 Schlegel 的一些创作产品绘制过程。

图 7-36   产品设计师 Reid Schlegel 水瓶作品步骤图 1

图 7-37   产品设计师 Reid Schlegel 水瓶作品步骤图 2

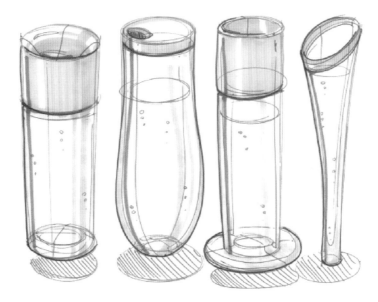

图 7-38　产品设计师 Reid Schlegel 水瓶作品赏析

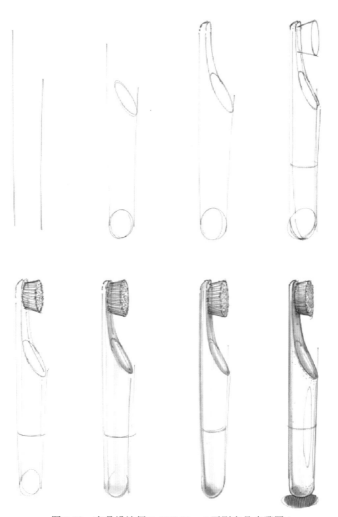

图 7-39　产品设计师 Reid Schlegel 牙刷产品步骤图 1

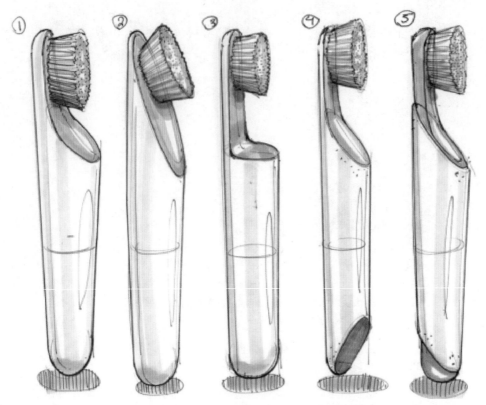

图 7-40　产品设计师 Reid Schlegel 牙刷产品步骤图 2